MOF

法國最佳職人 Frédéric LALOS

美味麵包的秘密

UN PAIN C'EST TOUT !

TK

系列名稱 / MASTER

書　名 / MOF 法國最佳職人Frédéric LALOS 美味麵包的秘密

作　者 / 費多雷克‧拉洛斯 Frédéric LALOS

出版者 / 大境文化事業有限公司

發行人 / 趙天德

總編輯 / 車東蔚

食譜翻譯 / 林惠敏

文 編‧校 對 / 編輯部

美　編 / R.C. Work Shop

地址 / 台北市雨聲街77號1樓

TEL / (02) 2838-7996

FAX / (02) 2836-0028

初版日期 / 2017年6月

定　價 / 新台幣 500元

ISBN / 9789869451413

書　號 / M10

讀者專線 / (02) 2836-0069

www.ecook.com.tw

E-mail / service@ecook.com.tw

劃撥帳號 / 19260956大境文化事業有限公司

Published in the French language originally under the title:
Un pain c'est tout ! © 2015, Éditions Gründ, an imprint of Edi8, Paris
Complex Chinese edition arranged through Dakai Agency Limited
Traditional Chinese edition copyright: 2017 T.K. Publishing Co.
All rights reserved.

本書由巴歐巴BAOBAB設計與製作
設計與編輯：艾瑞抗‧基帕Éric ZIPPER
美編：瓦萊希‧雷諾Valérie RENAUD
撰稿：費多雷克‧拉洛斯Frédéric LALOS和歐希莉‧高登Aurélie GODIN
攝影：娜妲莉‧卡內Nathalie CARNET
風格設計：奧戴莉‧柯森Audrey COSSON

國家圖書館出版品預行編目資料
MOF 法國最佳職人Frédéric LALOS 美味麵包的秘密
費多雷克‧拉洛斯 Frédéric LALOS 著；--初版.--臺北市
大境文化，2017　144面；22×24公分.
　(MASTER；M10)　ISBN 9789869451413
　1.點心食譜　2.麵包　　427.16　　106006006

UN PAIN C'EST TOUT !

透過歐希莉·高登Aurélie GODIN 悠遊於

FRÉDÉRIC LALOS 費多雷克·拉洛斯 的國度

攝影：娜妲莉·卡内NATHALIE CARNET

＊ 不用說，你們也知道麵包就是我生命的一切。我常想，或許在我血管裡流動的是酵母。這正是促使我和同樣是麵包師的同事們，每天清晨起床全神貫注進行繁重工作的原因。沒錯，這是項苦工，但卻令人異常滿足。只要我們使用最優質的食材、發揮最大的技術，並呈現出最美麗的成品，顧客就會帶著垂涎美食的眼神繼續回來光顧。這是多麼大的認可！

＊ 歐希莉Aurélie便是其中一員，每天照慣例都會來到我的櫃檯前。直到有一天，她鼓起勇氣從排隊的行列中走出來，問了我一個問題...然後是二個，之後是三個…。她想在家和孩子們自己做麵包。這的確是個不錯的想法！如果我將我的特色食譜傳授給她會如何?如果我將我的特色食譜傳授給你們大家又會如何?

＊ 於是，在某天清晨的黎明時分，我為她打開麵包工作坊的門。她帶著懵懂的神情來到，也許還有點睡眼惺忪，但卻備妥了大筆記本和滿滿的好奇心，已經決定要盡可能地汲取我所有的秘方和訣竅。來吧，進來，你們也一起！跟著我的食譜好好享受在家手握麵粉的樂趣。和我們共享真正手工麵包的優質美味。

關於費多雷克‧拉洛斯...
FRÉDÉRIC LALOS...

自我有記憶以來，就想成為麵包師。不是消防員，也不是駕駛飛機的飛行員。都不是，而是麵包師！或許我會告訴你們這是受到我父親的影響，我大可向你們述說這類傳承的美麗故事，但我的父親是卡車司機，而我的母親則是一名保姆。我的遺傳基因中沒有絲毫麵粉的痕跡。或許我會向你們解釋，我在童年時期大口吃著維也納麵包（viennoiserie）和長棍麵包（baguette）。但事實並非如此。完全不是這樣！

然而，我體內就擁有熱情的酵母，對酵母充滿著狂熱，而且無法將它忽略。即使在我為了考取法國國家廚師職業文憑CAP而對學業倦怠，父母親擔憂的督促我繼續完成學業，最後也只能在我的懇求下妥協。

我考進麵包師學校的大門，穿上圍裙，我學習，持續不間斷地努力，就為了忘卻我其實對麵包一無所知。進入了法國最佳學徒（meilleurs apprentis de France）競賽的決賽，獲得雷諾特（Lenôtre）甜點店實習的機會，當時我20歲，離開父母和故鄉奧恩（Orne）令我痛苦萬分。但我心中滿懷的學習慾望不斷滿溢，急欲瞭解這個比女人還脆弱的有生命物質。

在雷諾特的4年裡，我經常超時工作，拼了命地追求完美。接著我再度受到渴望所驅動，急欲探索其他事物，想到達更高境界。我獲得巴黎大磨坊（Grands Moulins de Paris）的技師一職，非常樂在其中。可以進行測試，我感到熱血沸騰，他們讓我自由地使用麵包工作坊和實驗室，進行實驗以準備法國最佳職人（Meilleur Ouvrier de France）的比賽。我做到了，在26歲的年齡獲得這項頭銜、這個獎勵、這個榮耀。卓越的象徵！

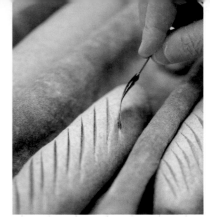

...EN PERSONNE

我又回到了雷諾特，帶著法國最佳職人三色的領子，而且這次是作為麵包坊總管的身分。我經常旅行，足跡遍及日本、韓國、科威特；我不斷探索，但永遠都覺得不夠。終於，我的道路和皮耶-馬希·卡涅（Pierre-Marie Gagneux）再度交集。我在巴黎大磨坊時，他是該公司的行銷總監，他讓我變得更加出色，而且和他共事感覺進一步實現了我的夢想：開一間結合傳統與現代的麵包店，一間地區性的麵包店。

LE QUARTIER DU PAIN（Frédéric Lalos）.

接著又開了第二家。接著...直至今日，我在巴黎有六家麵包店，在台灣的首都台北有三間（LALOS Bakery）。而且如果將我們在巴黎提供麵包的所有餐廳加總起來，米其林星星不會少於30顆。瞧，多麼璀璨耀眼！

儘管如此，我還是偏好接待就住在麵包店樓上的年輕祖母，她每天早上8點都會過來找她的細繩麵包（ficelle）。也多虧了她和所有其他顧客們，我的熱情並未隨著時間而消退。透過我的工作為人們帶來幸福，這也使我感到快樂。我非常地幸運，並非所有人都有機會這麼說。

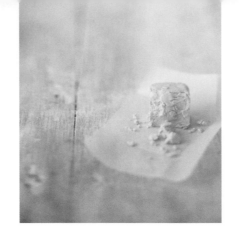

麵包的材料
LES INGRÉDIENTS DU PAIN

La farine 麵粉

…更確切地說是各種粉類。有十幾種粉類,而我們不該隨便選擇!首先我們必須選擇能夠製成麵包的粉類,換句話說就是含有麩質的粉類。最常見且不可或缺的就是小麥麵粉(farine de blé)(亦稱為普通麵粉farine de froment)。

但小麥麵粉的選擇並沒有這麼容易,因為有各式各樣的種類:T45、T55、T80、T150...T後面的數字代表什麼?為了瞭解,首先必須知道穀粒的構造:由胚芽、種仁和外殼所構成。依麵粉的種類而定,殼粒會經過全部或部分研磨。因此,T之後的數字越高,表示麵粉含有越多小麥殼粒的成分。換句話說,這種麵粉越接近全穀粉。

那我們該使用哪一種?對想在家自製麵包的新手來說,最好使用T65。它可帶來理想的成果,而且由於不像精製的T45或T55,也擁有更高的營養價值。此外,除非另有說明,本書中的大部分食譜都是採用這種麵粉。

L'EAU 水

沒有水,就沒有麵包。它將麵粉轉化為麵團,讓澱粉膨脹,並讓麩質軟化。簡而言之,它比看起來更加不可或缺!1公斤的麵粉,我們通常還是會計算600克的水(如果有必要的話,甚至會再多一些,用來製作較柔軟的麵團)。水的重要性不言而喻!

LA LEVURE 酵母

專業人士稱為ferments。種類繁多,包括:新鮮酵母(levure fraîche)、乾酵母(levure sèche)、液種(poolish)、發酵種(levain)...在家庭製作,我們主要會使用新鮮或乾燥的麵包酵母(levure de boulanger)。本書中費多雷克的所有食譜,都是以乾酵母製作。

整體而言,酵母是引起麵包發酵的生物。因此如何恰當地使用,而不致「殺死」酵母是非常重要的!新鮮酵母最多可冷藏保存三週,乾酵母的保存期限較長。無論如何,這兩種酵母的使用方式都非常簡單,可直接加入麵粉中,沒有特別的注意事項。儘管傳聞它們必須謹慎對待!

LE SEL 鹽

鹽在製作麵包中並非不可或缺,但基於它的許多益處,我們往往難以忽略:它可提升麵包的美味、讓麵包表皮的顏色更漂亮,並有利於麵包的保存。每公斤的麵粉請估算至少20克的鹽!

麵包的奧祕
L'ALCHIMIE DU PAIN

LA FERMENTATION 發酵

這是糖經由酵母分解為二氧化碳和酒精的結果。這並非原始的階段,它指的只是麵粉的酶、糖和酵母之間運作的自然現象。而這一切都是從食材互相接觸的那一刻開始發生。

具體而言,這樣的發酵會帶來什麼樣的結果?它會讓麵團充滿二氧化碳,因而使麵團增加體積和香氣,因此這是不可或缺的程序。麵包的發酵可分為三個過程,為了讓麵包內部呈現應有的蜂巢狀,遵守這個工序非常重要:

~第1次發酵(pointage):揉麵*後的發酵時間。可形成二氧化碳;

~第2次發酵(apprêt),或者說是我們將麵包塑形後,烘烤之前的靜置時間。麵包內部開始形成蜂巢狀結構;

~開始烘烤,烤至麵包內部溫度達50°C(酵母「死亡」的溫度);即烘烤6至8分鐘,而在這段時間內,麵包仍持續發酵,也會持續膨脹。

*揉麵後應形成平滑完整的麵團:如有需要,請毫不猶豫地調整食譜上指示的操作時間。

12

若廚房裡的溫度低於22-24℃，麵團會很難進行發酵。
在這種情況下，請讓麵團靠近熱源。但請勿直接擺在熱源上：
麵團不喜歡被粗暴對待！

LA TEMPÉRATURE 溫度

這是非常重要的參數，在製作麵包時絕對要列入考慮。就如同我們在37.2℃（早上！）時感覺很舒服，麵包的麵團在揉麵後則必須在24℃的溫度下，才能發酵成理想的品質。為了獲得這理想的溫度，我們會在做麵包時調整水溫，以抵消房間的溫度。計算以基礎溫度為依據，約為58℃左右，但會依各個食譜而有所不同。這非常簡單，只要記住以下的魔法方程式：

$$基礎\,T°（溫度）-（房間\,T°+麵粉\,T°）=水\,T°$$

例如：廚房裡是21℃。麵粉是21℃。
58-（21+21）=16
水應為16℃。

CUISSON《VAPEUR》「蒸氣」烤

還有最後一個在烘烤時不可不知的小技巧。儘管麵包適合在很熱的烤箱內烘烤，但不應該太快形成硬皮。麵包表層若太快變硬，內部就無法持續發酵，也無法適當地膨脹。這就是為什麼麵包師們會在烘烤時注入蒸氣。蒸氣將為麵包表皮提供水分，讓麵包表皮在發酵最後的關鍵8分鐘期間保持柔軟。

出爐後，只需將麵包擺在網架上冷卻並靜置1小時（我們稱為散熱ressuage），以發展出所有可刺激感官的美味特質。讓我們想起一開始在工作檯上只有一些麵粉、水、鹽和酵母的時候…。

將廚房改造為

TRANSFORMER SA CUISINE

在具備所有關於麵包和製作麵包的寶貴資訊後,我只有一個渴望:將自己關在廚房裡幾個小時—把
小孩哄睡、把電話答錄機打開—然後製作屬於自己的第一個麵包。讓全家人都為我的自製米契大圓
麵包驚豔不已。

但必須先查看自己應該進行哪些更動,才能將小小的家用廚房改造為真正的麵包工作坊。正是如
此,而且費多雷克已經傳授了我訣竅!

S' IMPROVISER UN PÉTRIN 揉捏成團

揉捏麵團，有三個可以考慮的選項：

- 親手揉麵。這很棒，但費多雷克對我說：這樣太費力。相反地，他並不建議這麼做。儘管如此，他建議在這種情況下應盡可能減少麵粉的量，最多500克。超過這個份量就會變成體力的考驗。這太好了，也就是說，可以用來彌補前一天的缺乏運動；

- 用攪拌機（robot pâtissier）揉麵。我們裝上揉麵勾，在碗中放入所有材料，永遠都要先加水，然後用速度1攪打至混料均勻。接著在揉麵的最後幾分鐘加快速度；

- 我拿出二年前被棄置在地下儲藏室的麵包機（machine à pain）。就如同使用攪拌機一樣，將材料放入槽中，除了先放水以外，沒有額外的注意事項，然後只要依食譜說明的時間設定揉麵的行程。甚至不需要看管，也不需要守在一旁，麵包機會自行完成。這是最理想的，因為我們可以趁機器進行它的工作時修修指甲…呃，或者是幫孩子完成他們的作業！

麵包工作坊
EN FOURNiL

SIMULER UN FOUR DE PRO 仿效專業烤箱

我想在這裡遇到了一個大問題。要如何在基本的家用小烤箱中注入蒸氣？

費多雷克的回答：

我們先預熱放入滴油盤的烤箱，然後在烘烤麵包時，在滴油盤中倒入1杯水。千萬要立刻關上烤箱門，讓產生的蒸氣留在烤箱內來達成它的使命。

就是這麼簡單！

適當的用具
LES BONS USTENSILES

無需將廚具店搬空：但為了能夠成功製作優質的麵包，還是需要一些不可或缺的用具⋯

- 料理秤1個。在份量上請勿隨興：要盡可能精準地秤重；

- 刮板1個，用來刮出攪拌盆中的麵團；

- 料理溫度計1個。用來測量麵粉、室內、水和揉捏後麵團的溫度，這幾乎是世紀以來（或接近）製作麵包的成功關鍵；

- 保鮮膜1卷，靜置階段用來將麵團包起，不論時間長短。如此可避免麵團乾燥，並預防表面形成醜陋的硬皮，這種硬皮會讓我們的作品變成災難。無稽的生活小常識要我們為麵團蓋上毛巾。「這比起什麼也不蓋要來得好，但毛巾一樣會吸收麵團的水分」，費多雷克說。因此，還是用保鮮膜包覆，這樣就好！

- 廚房布巾，當然要潔淨。用來取代麵包師進行第2次靜置（第2次發酵）時用來擺放製作麵包的帆布。我們在廚房布巾上撒上一點點的麵粉，然後輕輕擺上麵包；

- 刀片1片，用來在烘烤前為麵包劃出割紋。一般的刀子不適用，這些小裂口具有美學上的意義，讓麵包可以在烘烤時漂亮地裂開。這個動作並非必要，但如果看到麵包很不優雅地從這頭裂到那一頭時可別太驚訝；

- 模型數個：長方形蛋糕模（moule à cake）、薩瓦蘭模（moule à savarin），或陶瓷烤皿（plat en terre），略為上油；或是矽膠模，這是不知道如何做麵包的人最好的朋友。在第2次發酵和烘烤時將麵團固定，確保麵包具有美觀的外形，若要用麵包來豪華裝飾餐桌時務必要知道這一點。這無非是為了向珍寧（Jeanine）阿姨展現我在這方面精通的程度（她總覺得我會失敗）。

經典系列
LES CLASSIQUES

斯佩耳特小麥麵包
PAIN À L´ÉPEAUTRE

510克的麵包2個
水 370克
乾酵母 5克
奶粉 15克
奶油 30克
麵粉 400克
斯佩耳特小麥麵粉 200克
(farine d'épeautre)
鹽 10克

20

* 將所有材料秤重並注意水溫。
* 在麵包機的槽中放入水、酵母、奶粉、奶油，以及麵粉和鹽。選擇揉麵10分鐘的行程。
* 揉麵結束後，將麵團整型成圓形，擺入攪拌盆中。蓋上保鮮膜，靜置1小時。
* 取出麵團，分成二個510克的麵團。每份麵團用手滾圓，接著將這些麵球揉成圓形或長形的麵包。將麵包放入略為上油的耐熱玻璃碗（Pyrex）中。蓋上保鮮膜，並在室溫下（22-24℃）靜置1小時30分鐘。
* 烤箱內裝滴油盤，預熱至200℃（熱度6-7）。為麵包劃切割紋，入烤箱烘烤，並立刻在滴油盤中倒入1杯水。快速將烤箱門關起，烤約35分鐘，烤至麵包呈現漂亮的顏色。
* 出爐後，在網架上為麵包脫模並放涼。

在麵團中使用奶油可增加麵包的柔軟度並有利於保存。在這道食譜中，奶油並非必要，若不喜歡的話，可以不使用。

難度：簡單 / 花費：經濟 / 製作時間：3小時30分鐘 / 基礎溫度：58℃

身為麵包師，我熱愛斯佩耳特小麥（又稱二粒小麥），因為這是一種野生
栽種的古老小麥，因而具備優良的麩質。

650克的麵包2個

Poolish 液種：
水 250克
乾酵母 1克
麵粉 250克

pâte 麵團：
水 265克
乾酵母 4克
液種 500克
麵粉 550克
鹽 13克

液種傳統麵包
PAIN DE TRADITION SUR POOLISH

* 前1天，製作液種：在攪拌盆中，用打蛋器混合液種材料：水、酵母和麵粉。為攪拌盆蓋上保鮮膜。讓麵團發酵12小時。

* 隔天，製作麵包：將麵團材料秤重並注意水溫。在攪拌盆中倒入水、酵母、液種、麵粉和鹽。用電動攪拌機與揉麵勾攪打至形成平滑均勻的麵團。將麵團從攪拌盆中取出，在工作檯上仔細地揉麵（約15至20分鐘）。揉麵結束後，揉成團狀，再放回攪拌盆中。蓋上保鮮膜，靜置1小時。

* 取出麵團，分成二塊各650克的麵團。將這些麵團用手滾圓，再將這些麵球整形成漂亮的長條狀。將長條狀麵團放入略為上油的長方形蛋糕模中。蓋上保鮮膜，在室溫下（22-24℃）靜置1小時30分鐘。

* 烤箱內裝滴油盤，預熱至200℃（熱度6-7）。為麵包劃切出一條割紋，入烤箱烘烤，並立刻在滴油盤中倒入1杯水。快速將烤箱門關起，烤約35分鐘，烤至麵包呈現漂亮的顏色。

* 出爐後，在網架上為麵包脫模並放涼。

將麵包脫模後，再放回烤箱中烤4至5分鐘，完成烘乾並上色。

如果你有麵包機，請讓它負責揉麵的工作：將所有材料倒入槽中，選擇揉麵的行程，揉麵18分鐘。

難度：簡單 / 花費：經濟 / 製作時間：15小時30分鐘 / 基礎溫度：58℃

傳統麵包是基礎中的基礎！其中我最喜歡的是用液種製作的傳統麵包，這是我從剛成為麵包師至今，最常使用的發酵法之一。它為麵包帶來大量的甜味，讓吃麵包成為一大享受。

若要製作早餐或早午餐的麵包片，可以試著自製吐司。

你會發現，這道食譜簡直就像小孩的遊戲那麼簡易。

至於結果，超市的吐司根本無法相提並論！

吐司
PAIN DE MiE

* 為所有材料秤重，記得要使用冰涼的牛奶。將奶油冷藏保存。

* 在麵包機的槽中放入牛奶、蛋、酵母、小麥蛋白，以及麵粉、糖和鹽。選擇20分鐘的揉麵行程。在這段時間後，加入切好的冷奶油，並再度揉麵10分鐘。

* 揉麵結束後，將麵團整型成圓形，擺入攪拌盆中。蓋上保鮮膜，靜置1小時。

* 取出麵團，分成330克（或160克）。將這些麵團用手滾圓，再將這些麵球揉成圓柱狀。將麵團放入略為上油的長方形吐司模或長方形蛋糕模中。蓋上保鮮膜，在室溫下（22-24℃）靜置2小時30分鐘。麵團必須到達模型的3/4高度（即距離邊緣2公分）。

* 將烤箱預熱至160℃（熱度5-6）。放入烘烤，將烤箱門快速關起，烤約22分鐘，烤至麵包呈現漂亮的金黃色。

* 出爐後，在網架上為麵包脫模並放涼。

麵包脫模後，再放回烤箱中烤4至5分鐘，完成烘乾並上色。

若想獲得非常方正的吐司，請在烘烤時為模型加蓋。也可以不使用，吐司就會從上方鼓起成山型。

難度：非常簡單／花費：經濟／製作時間：4小時30分鐘／基礎溫度：52℃

24

330克 的麵團 3個
或 160克 的麵團 6個
牛奶 310克
蛋 35克
乾酵母 10克
小麥蛋白(gluten) 7克
麵粉 550克
糖 40克
鹽 10克
奶油 40克

380克 的麵包 3個

pâte fermentée 發酵麵團：

水 300克

乾酵母 5克

麵粉 500克

鹽 10克

鄉村麵包麵團：

水 330克

乾酵母 5克

發酵麵團 (pâte fermentée) 300克

麵粉 420克

黑麥粉 (farine de seigle) 80克

鹽 10克

鄉村麵包
PAIN DE CAMPAGNE

* 將所有材料秤重並注意水溫。

* 製作發酵麵團：在麵包機的槽中放入水、酵母，以及麵粉和鹽。選擇22分鐘揉麵的行程。

* 揉麵結束後，將麵團整型成圓形，擺入攪拌盆中。蓋上保鮮膜，靜置1小時。

* 在這段時間過後，製作鄉村麵包麵團：在麵包機的槽中放入水、酵母、發酵麵團，以及兩種麵粉和鹽。選擇
12分鐘的揉麵行程。

* 揉麵結束後，將麵團整型成圓形，擺入攪拌盆中。蓋上保鮮膜，靜置1小時。

* 取出麵團，分成3個380克的麵團。將這些麵團用手滾圓，再將這些麵球揉成兩端尖尖的橢圓形長麵包。將
麵團擺在鋪有烤盤紙的烤盤上，並撒上麵粉（分量外）。蓋上保鮮膜，在室溫下（22-24℃）靜置1小時30分鐘。

* 烤箱內裝滴油盤，將烤箱預熱至200℃（熱度6-7）。為麵包劃切割紋，入烤箱烘烤，並立刻在滴油盤中倒入
1杯水。快速將烤箱門關起，烤約35分鐘，烤至麵包呈現漂亮的顏色。

* 出爐後，擺在網架上放涼。

發酵麵團 (pâte fermentée) 好處多多：可加速發酵的過程，尤其是可提前48小時製作！這種情況下，在使用
之前你必須將發酵麵團以4℃的溫度冷藏保存。

難度：簡單 / 花費：經濟 / 製作時間：4小時45分鐘 / 基礎溫度：58℃

這是極品麵包！
越基本就越經典，可用來搭配所有菜餚，而且每個人都會喜歡。
一項生活必需品。

UN MUST.

180克 的拖鞋麵包 7個

水 450克

乾酵母 7克

橄欖油（huile d'olive）50克

小麥蛋白（gluten）8克

麵粉 750克

鹽 12克

拖鞋麵包
CiABATTA

✻ 將所有材料秤重並注意水溫。

✻ 在裝有揉麵勾的攪拌機中放入水、酵母、橄欖油、小麥蛋白，以及麵粉和鹽。用速度1攪打至混料均勻。接著以中速揉麵，直到形成平滑的麵團，即約6分鐘左右。

✻ 揉麵結束後，整型成圓球狀。放回攪拌盆中，蓋上保鮮膜，靜置40分鐘。

✻ 取出麵團，用手進行翻麵（rabat），然後再靜置40分鐘。

✻ 在這段時間過後，在撒上些許麵粉的廚房布巾上用手指將麵團拍平成40×25公分的長方形。再蓋上保鮮膜，在室溫下（22-24℃）靜置1小時。

✻ 烤箱內裝滴油盤，將烤箱預熱至210℃（熱度7）。用刀將麵團裁成寬帶狀。擺在鋪有烤盤紙的烤盤上。將拖鞋麵包放入烤箱烘烤，立刻在滴油盤中倒入1杯水。快速將烤箱門關起，烤約16分鐘，烤至麵包呈現漂亮的顏色。

✻ 出爐後，在網架上為麵包脫模並放涼。

你可在大多數的有機商店中找到小麥蛋白（gluten），用來增加麵團的筋度。若沒有小麥蛋白，可用T45麵粉（farine gruau）來取代T65麵粉。

翻麵（rabat）的意思是將麵團折成方形。這個動作可以增加麵團的筋度。

在此用指尖將麵團拍平攤開，以免排出過多的空氣。力道要輕，而且不要用掌心或擀麵棍壓扁麵團！

難度：簡單 / 花費：經濟 / 製作時間：3小時 / 基礎溫度：58℃

很適合入門的麵包！
製作起來非常愉快，而且不論你做麵包的水準如何，
最後的成果總是非常美麗。

杜蘭小麥穗麵包
PETITS ÉPIS
À LA SEMOULE DE BLÉ

60克 的麵包 13個
水 270克
乾酵母 5克
橄欖油 16克
檸檬汁 10克
細粒杜蘭小麥粉 500克
(semoule de blé dur fine)
鹽 10克

* 將所有材料秤重並注意水溫。

* 在裝有揉麵勾的攪拌機中放入水、酵母、橄欖油、檸檬汁,以及杜蘭小麥粉和鹽。用速度1攪打至混料均勻。接著以中速揉麵,直到形成平滑的麵團,即約6分鐘左右。

* 揉麵結束後,整型成圓球狀。放回攪拌盆中,蓋上保鮮膜,靜置1小時。

* 取出麵團,分成每個60克。將這些麵團用手滾圓,再將這些麵球揉成12公分的長麵團。稍微濕潤麵包表面後滾上細粒杜蘭小麥粉(分量外),接著擺在鋪有烤盤紙的烤盤上。

* 用剪刀以相同間隔剪開麵團(但不剪斷),再將麵團左右交錯擺放成麥穗狀。再蓋上保鮮膜,在室溫下(22-24℃)靜置1小時45分鐘。

* 烤箱內裝滴油盤,將烤箱預熱至210℃(熱度7)。將麵團放入烤箱,並立刻在滴油盤中倒入1杯水。快速將烤箱門關起,烤約14分鐘,烤至麵包呈現漂亮的顏色。

* 出爐後,擺在網架上放涼。

用來提供酸度的檸檬汁,保證可讓麵團非常堅挺。

若你想讓賓客們驚豔,
請儘管端上這道杜蘭小麥穗麵包:單純又經典!

難度:簡單 / 花費:經濟 / 製作時間:3小時30分鐘 / 基礎溫度:58℃

著名的麩質經常成為眾矢之的。人們指控它有多項壞處，而且發現它會導致人生病。若你被診斷為麩質不耐症，或單純只是想要減少麩質的食用量，你可採用這些無麩質配方。但這樣就可以不加節制地吃麵包了嗎？那可未必！

無麩質麵包
DU PAIN SANS GLUTEN

麩質是什麼？

存在於可用來製作麵包的麵粉中，麩質為多種蛋白質的總稱。這些蛋白質為麵團提供筋性和彈性，因而構成麵團的骨架、結構。麵包的麵團也多虧麩質才能成功地膨脹。

既然麩質有助於發酵和麵團的膨脹，那我們要如何不用麩質來製作麵包呢？

費多雷克為我提供瞭解答：「應添加膠質來彌補麩質的不足」，膠質可用來提供麵團的彈性。特別是關華豆膠（gomme de guar）。豆科植物種子的萃取，這種「神奇」的膠具有稠化和乳化的特性。因此有助於麵包的麵團膨脹。可在有機商店的麵粉和酵母架上找到。至於使用份量，每500克的麵粉、綜合麵粉或澱粉請估算9克的關華豆膠用量。

「更簡單的方法是使用無麩質麵包預拌粉（mix pour pain sans gluten）。」所謂的預拌粉，這裡指的是一種以理想比例混合麵粉和膠質（大多為關華豆膠或角豆膠caroube），讓人能夠成功製作麵包的現成混合材料。無需再加入其他配方中的材料。非常簡單！

無麩質麵包像真的麵包嗎？

無麩質麵包和真正的麵包一點也不像，即使基本材料幾乎一樣。第一個差異點：水量。在無麩質麵包配方中會使用較大量的水，份量幾乎和麵粉相等。第二個也是最大的差異在於：我們會獲得較稀，而且不需要揉麵的麵糊。在此，我們的操作方式就像做蛋糕一樣，要用橡皮刮刀攪拌。無需揉麵，也不再需要遵守基礎溫度。我們至少可以說，無麩質麵包並不是真的變幻莫測。它的配方非常簡單，做起來超快，而且絕不失敗。

但最後的成品當然會不同。以我們熟知的麵包質地而言，這並不是真正的麵包。這種麵包較濕潤，膨脹程度較低，但差別並不大，而且真的很美味。不論你是否有麩質不耐症，都請試試這些無麩質食譜，用來作為平日口味的變換！

用無麩質麵粉變化多種樂趣

讓自己樂在其中：含麩質的麵粉，與無麩質的麵粉。以下是最常見的無麩質麵粉。你可用來變換每日的飲食樂趣！

在來米粉（Farine de riz）：精白或全穀，因為味道淡，適用於各種鹹甜食譜，是相當基本的無麩質麵粉。它是櫥櫃裡絕對不可缺少的粉！

蕎麥粉（Farine de sarrasin）：這是布列塔尼薄餅（galette de Bretagne）使用的粉。味道非常強烈，可用來為你的備料提味。亦可摻入在來米粉中。

藜麥粉（Farine de quinoa）：藜麥因含有豐富的營養，確實是非常流行的穀物。味道較淡，萃取出的粉可加入多種食譜中。

栗子粉（Farine de châtaigne）：很適合用於偏甜的配方中，這種極具特色的粉必須少量使用，可混入在來米粉和／或藜麥粉中。

玉米粉（Farine de maïs）：就和所萃取的穀物一樣呈現金黃色，但請勿將玉米粉和玉米澱粉（fécule de maïs）相混淆。後者是只用果仁磨成的粉（澱粉），並形成非常細緻的白色粉狀。至於玉米粉，則是用完整的玉米粒（包含皮膜、果仁和胚芽）磨成的粉。它的味道令人難以抗拒。

馬鈴薯澱粉（Fécule de pomme de terre）：馬鈴薯的澱粉萃取，馬鈴薯澱粉是出色的料理黏著劑和稠化劑。它也讓麵包變得更清爽和柔軟。

雜糧麵包（無麩質）
PAIN AUX GRAINES (SANS GLUTEN)

✳ 在攪拌盆中放入水、酵母和鹽。將預拌粉（premix）和另外二種粉一起過篩，並加入液體中。

✳ 用橡皮刮刀將所有材料攪拌成均勻的麵糊。最後再混入穀物。將麵糊倒入略為上油的長方形模中，表面可再撒上穀物（分量外）。靜置1小時。

✳ 將烤箱預熱至180℃（熱度6）。將雜糧麵包放入烤箱烘烤約45分鐘，烤至麵包呈現漂亮的顏色。

記得一出爐就立刻在網架上為麵包脫模、放涼，避免麵包因熱度而受潮。

我最愛的經典無麩質麵包之一：雜糧麵包。

500克 的麵包 2個
溫水 470克
無麩質乾酵母 5克
鹽 7克
無麩質麵包預拌粉 350克
藜麥粉（farine de quinoa）40克
全米粉（farine de riz complet）40克
玉米片（flocon de maïs 蒸過碾壓成片後再乾燥）20克
白芝麻（graine de sésame）20克
葵花籽（graine de tournesol）20克
亞麻籽（graine de lin）20克

難度：簡單／花費：稍高／製作時間：2小時／基礎溫度：45℃

杏桃葡萄麵包（無麩質）

PAIN AUX ABRICOTS ET AUX RAISINS (SANS GLUTEN)

✱ 在攪拌盆中放入水、葵花油、酵母和鹽。將預拌粉和另外二種粉一起過篩，並加入液體中。

✱ 用橡皮刮刀將所有材料攪拌成均勻的麵糊，最後再混入果乾。將麵糊倒入略為上油的圓形模型中。靜置50分鐘。

✱ 將烤箱預熱至180℃（熱度6）。將水果麵包放入烤箱烘烤約45分鐘，烤至麵包呈現漂亮的顏色。

麵包脫模後，再放回烤箱烤4至5分鐘，完成烘乾並上色。

請選購無麩質的酵母粉來製作這個配方。

一種提供能量的麵包，很適合作為早餐，或是下午的點心。

難度：簡單／花費：稍高／製作時間：2小時／基礎溫度：45℃

1公斤 的麵包 1個

溫水 380克

葵花油 40克

無麩質乾酵母 5克

鹽 7克

無麩質麵包預拌粉 340克

(mix pour pain sans gluten)

栗子粉(farine de châtaigne) 30克

藜麥粉(farine de quinoa) 50克

葡萄乾(raisin sec) 100克

切丁杏桃乾(abricot sec) 60克

佐餐系列
POUR SAUCER

在製成麵包時保留了蔬菜丁所有的味道和營養價值。
這對於非常注意自身飲食的人來說很有吸引力。

蔬菜麵包
PAIN AUX LÉGUMES

✴ 製作液種：在攪拌盆中用打蛋器混合水、酵母、蔬菜高湯粉和麵粉。為攪拌盆蓋上保鮮膜，讓麵糊發酵2小時30分鐘。

✴ 準備蔬菜：將胡蘿蔔削皮，將法國四季豆去絲。清洗綠花椰、法國四季豆、平葉巴西利。將綠花椰切成小朵，並將法國四季豆和胡蘿蔔切成大丁。將平葉巴西利切碎。將這些生蔬菜預留備用。

✴ 製作麵包麵團：將所有材料秤重並注意水溫。在麵包機的槽中放入水、液種、蔬菜高湯粉，以及麵粉和鹽。選擇12分鐘的揉麵行程。接著加入蔬菜丁和平葉巴西利碎，再揉麵5分鐘。揉麵結束後，揉成圓團狀，放入攪拌盆。蓋上保鮮膜，靜置1小時。

✴ 取出麵團，分成每個870克。將這些麵團用手滾圓，再將這些麵球揉成漂亮的長形麵團。將麵團擺在鋪有烤盤紙的烤盤上。蓋上保鮮膜，在室溫下（22-24℃）靜置2小時10分鐘。

✴ 烤箱內裝滴油盤，將烤箱預熱至180℃（熱度6）。為麵包劃切割紋，放入烤箱並立刻在滴油盤中倒入1杯水。快速將烤箱門關起，烤約35分鐘，烤至麵包呈現漂亮的顏色。

✴ 出爐後，擺在網架上放涼。

為了秉持健康清淡的精神，請搭配紙包烤魚排（filet de poisson cuit en papillote），並鋪上一層同樣的蔬菜：綠花椰、法國四季豆和胡蘿蔔來搭配這美味的麵包。絕對是營養均衡的一餐。

難度：簡單／花費：經濟／製作時間：6小時45分鐘／基礎溫度：58℃

870克 的麵包 2個

poolish液種：
水 250克
乾酵母 5克
蔬菜高湯粉 8克
(bouillon de légumes)
麵粉 250克

pâte麵團：
水 250克
液種(poolish) 510克
蔬菜高湯粉 8克
麵粉 575克
鹽 15克
胡蘿蔔 125克
法國四季豆 125克
綠花椰 125克
平葉巴西利 25克

49

濃湯麵包
PAIN À SOUPE

300克 的麵包 5個
水 650克
濃湯粉(soupe lyophilisée) 1包(20克)
乾酵母 10克
麵粉 850克
鹽 20克

* 將所有材料秤重並注意水溫。
* 在麵包機的槽中放入水、濃湯粉、酵母,以及麵粉和鹽。選擇揉麵12分鐘的行程。揉麵結束後,將麵團整型成圓形,擺入攪拌盆中。蓋上保鮮膜,靜置1小時。
* 在這段時間後,將麵團揉成長形,並擺在略為上油的長方形蛋糕模或木盒(barquette en bois)中。蓋上保鮮膜,在室溫下(22-24℃)靜置1小時20分鐘。
* 烤箱內裝滴油盤,將烤箱預熱至180℃(熱度6)。將麵團放入烤箱,並立刻在滴油盤中倒入1杯水。快速將烤箱門關起,烤約40分鐘,烤至麵包呈現漂亮的顏色。
* 出爐後,在網架上為麵包脫模並放涼。

將麵包脫模後,再放回烤箱烤4至5分鐘,完成烘乾並上色。

請毫不猶豫地更換濃湯粉的種類,以做出符合個人喜好不同口味的麵包!

顯然沒有比這款麵包更適合用來蘸取濃湯的了。尤其是當你自製家禽類濃湯,搭配用橄欖油快炒一下,再加入以小火燉煮的新鮮蔬菜。

難度:簡單 / 花費:經濟 / 製作時間:3小時15分鐘 / 基礎溫度:58℃

這道麵包誕生在我剛成為麵包師的時期，那時我以製作各式各樣的麵包為樂。
在嘗試中失敗了無數次，這道加了濃湯包的麵包，是我最出色的作品之一！

全麥麵包
PAIN COMPLET

* 將所有材料秤重並注意水溫。
* 在裝有揉麵勾的攪拌機中放入水、檸檬汁、發酵種乾酵母、酵母、奶油、糖，以及麵粉和鹽。用速度1攪打至混料均勻。接著以中速揉麵，直到形成平滑的麵團，即約6分鐘左右。揉麵結束後，將麵團整型成圓形。擺入攪拌盆中，蓋上保鮮膜，靜置1小時。
* 取出麵團，分成每個100克。將這些麵團用手揉成圓形，接著將這些麵球揉成長形麵團。將麵團擺在鋪有烤盤紙的烤盤上劃切割紋，蓋上保鮮膜，在室溫下（22-24°C）靜置1小時30分鐘。
* 烤箱內裝滴油盤，將烤箱預熱至220°C（熱度7-8）。將麵團放入烤箱，並立刻在滴油盤中倒入1杯水。快速將烤箱門關起，烤約20分鐘，烤至麵包呈現漂亮的顏色。
* 出爐後，擺在網架上放涼。

糖、奶油和檸檬汁是天然的改良劑，能夠增加麵團的結實度、柔軟度和保存期限。儘管這些食材對於這個配方的成功而言並非絕對必要，但它們卻可以讓這道全麥麵包變得更加美味！

全麥麵包非常適合搭配軟乳酪（fromage doux）。你也愛軟乳酪嗎？那就將全麥麵包浸入烤過的 Mont d'Or 乳酪中。吃法非常簡單，但卻是極具意義的豐盛大餐。

52

難度：簡單 / 花費：經濟 / 製作時間：3小時15分鐘 / 基礎溫度：58°C

100克 的麵包 10個
水 380克
檸檬汁 5克
發酵種乾酵母 20克
（levain déshydraté de blé）
乾酵母 4克
奶油 10克
糖 10克
T80麵粉（farine T80） 400克
全麥麵粉 200克
（farine complète）
鹽 10克

210克 的麵包 6個
水 400克
發酵麵團 300克
(pâte fermentée)(見28頁)
乾酵母 8克
黑麥粉 500克
(farine de seigle)
麵粉 50克
鹽 15克

黑麥麵包
PAIN DE SEIGLE

✳ 將所有材料秤重並注意水溫。

✳ 在麵包機的槽中放入水、發酵麵團、酵母,以及二種麵粉和鹽。選擇12分鐘的揉麵行程。

✳ 揉麵結束後,將麵團整型成圓形,擺入攪拌盆中。蓋上保鮮膜,靜置40分鐘。

✳ 取出麵團,分成每個200克。將這些麵團用手滾圓,接著將這些麵球揉成橄欖形。將麵團擺在鋪有烤盤紙的烤盤上,撒上麵粉後再劃出葉狀割紋。

✳ 蓋上保鮮膜,在室溫下(22-24℃)靜置1小時。

✳ 烤箱內裝滴油盤,將烤箱預熱至200℃(熱度6-7)。將麵團放入烤箱,立刻在滴油盤中倒入1杯水。快速將烤箱門關起,烤約30分鐘,烤至麵包呈現漂亮的顏色。

✳ 出爐後,擺在網架上放涼。

黑麥麵包和煙燻魚肉確實是天作之合,亦可嘗試搭配淋上核桃油醋醬的苦苣洛克福乳酪核桃沙拉(salade endive-roquefort-noix),這肯定會令你興奮不已。

難度:簡單 / 花費:經濟 / 製作時間:2小時30分鐘 / 基礎溫度:58℃

沒錯，黑麥麵包非常嬌弱，
而且做工繁複。
但它的美味值得你大膽一試。

麵包表皮的尖端必須略略烤焦，
形成不規則的棕色。

即使麵包確實發酵，
麵包表皮還是必須酥脆，
而且要像花朵一樣綻放。

麵包表皮帶有微微的紅色，表示經過長時間的發酵。

麵包內部必須有大而不規則的蜂巢狀氣孔。
沒有這樣的氣孔，往往表示這並非手工麵包。

若蜂巢狀氣孔的內部帶有光澤，
表示麵包內部是濕潤的。
麵包因此具有理想的柔軟度。

米契麵包的祕密
SECRETS DE MICHES

你懂得解讀米契麵包的訊息嗎？
費多雷克教我觀察真正美味麵包的一切跡象。快來瞧瞧！

注意：這些品質的標準適用於各種麵包，但全麥麵包、黑麥麵包和麩皮麵包除外，這幾種麵包各別的成分具有不同的物理性質。

懷舊米契麵包
MICHE D'ANTAN

1.250公斤 的麵包 1個

poolish液種：

水 250克

乾酵母 0.5克

石磨麵粉(farine de meule) 200克

pâte麵團：

水 250克

乾酵母 2克

液種(poolish) 450克

麵粉 410克

黑麥粉(farine de seigle) 150克

鹽 22克

適合全家共享的米契大麵包，讓人重拾融洽且慷慨的麵包樂趣，而這也是我們麵包師們最想見到的場景。

* 前1天，製作液種：在攪拌盆中，用打蛋器混合水、酵母和麵粉。為攪拌盆蓋上保鮮膜，讓液種發酵12小時。

* 隔天，製作麵包：將所有材料秤重並注意水溫。在裝有揉麵勾的攪拌機中放入水、酵母、液種，以及二種麵粉和鹽。用速度1攪打至混料均勻。接著以中速揉麵，直到形成平滑的麵團，即約6分鐘左右。

* 揉麵結束後，將麵團整型成圓形。擺入攪拌盆中，蓋上保鮮膜，靜置1小時。

* 取出麵團，用手進行翻麵，然後再靜置1小時。

* 在這段時間後，將麵團揉成35公分長。擺在鋪有烤盤紙的烤盤上。蓋上保鮮膜，在室溫下(22-24℃)靜置2小時30分鐘。

* 烤箱內裝滴油盤，將烤箱預熱至180℃（熱度6）。為麵包劃切菱格割紋並放入烤箱烘烤。立刻在滴油盤中倒入1杯水，快速將烤箱門關起，烤約45分鐘，烤至麵包呈現漂亮的顏色。

* 出爐後，擺在網架上放涼。

翻麵(rabat)的意思是將麵團折成方形。這個動作可以增加麵團的筋度。

劃出的裂紋可讓頂端烤後呈現煙燻味。換句話說，這道米契麵包是你必須端出長時間慢燉的傳統扁豆醃豬肉(petit salé aux lentilles)來相抗衡的麵包。這些古早味的菜色正是完美的搭配！

難度：簡單 / 花費：經濟 / 製作時間：18小時 / 基礎溫度：58℃

發酵種麵包馬拉松
LE MARATHON
DU PAIN AU LEVAIN

發酵種麵包（pain au levain 也有音譯為魯邦麵包），是一款適合大無畏的人製作的麵包。這是（幾乎）掌握專業麵包技術時可挑戰的種類。同時必須聲明，這種麵包也會花上你大量的時間，大量的耐心。而到了最後，結果可能會不如你的預期。沒錯，費多雷克向我仔細說明了「自製發酵種麵包無法和麵包師製作的發酵種麵包匹敵」。真的嗎？為什麼這麼不公平？「因為發酵種麵包需要特殊的菌種環境，而且只有麵包師的烤爐和專業技術才能提供它所需的一切。」實際上，請瞭解它的變幻莫測。有點像是甜點師的馬卡龍，你懂嗎？

無論如何，我還是決定捲起袖子，按照費多雷克・拉洛斯的食譜全力投入。但在揉麵以前，我必須先調配出發酵種麵包的靈魂：發酵種（levain）。

預估平均要二週的製作時間。沒錯，我們已經告訴你了，耐心是這道配方的主要材料！也就是說，一旦你擁有了發酵種，可以保存數個月，甚至就像是寵物一樣（只是毛比較少）。當然只要你能幾乎天天照料它的話。

發酵種食譜
LA RECETTE DU LEVAIN

階段1：水果浸漬汁

在1個大型玻璃罐中裝入3/4的葡萄乾（未清洗）。接著用水裝滿至齊邊。加入1撮糖，將罐子封好。置於溫暖的房間中一個星期。罐中會形成氣體，這是正常的，而且這樣更好。

在這段時間後，將罐子打開，收集所有的液體。同時用手非常用力地擠出葡萄乾的浸漬汁，直到擠出最後一滴珍貴的浸漬汁。你便可用此浸漬汁開始製作發酵種。

階段2：初種（MÈRE）

將500毫升的浸漬汁與750克的T65麵粉混合。形成團狀後擺在藤籃（banneton en osier）中發酵5至6小時。

階段3：酵種（CHEF）

在這段時間後，初種的體積已經膨脹為2倍。這時要進行「續種rafraîchir」，即加入水（500毫升）和麵粉（750克）。在裝有揉麵勾的攪拌機中以速度1揉麵5分鐘，接著在室溫下靜置。我們從此時開始稱它為酵種，在體積再度膨脹為2倍後，再一次以同樣的方式進行續種，經過2至3日之後，再用來製作發酵種。這段時間很漫長，但已經接近完成了。

階段4：發酵種（終於！）

為了製作發酵種，請將500克的酵種（保留剩餘的作為將來使用）混入1公斤的T65麵粉和500毫升的水（基礎溫度：60℃）。在裝有揉麵勾的攪拌機中以速度1揉麵15分鐘：麵團必須平滑均勻，溫度為24.5℃。揉成緊實的團狀，擺在藤籃中，加蓋並讓麵團發酵，最好是以12℃發酵16小時。這時的發酵種已經可加進你製作麵包的配方中。

請注意，還是要特別留心，發酵種不應過度發酵，否則麵團會變得過酸！請依你的環境調整發酵的時間。

我的發酵種會變得如何呢？

在我們為它費盡千辛萬苦後，當然不可能將它丟棄或任它死去！若你每天製作麵包的話，可將它以12℃的溫度保存，如果只是偶而做做麵包，可以在4℃的溫度冷藏保存。

在第一種情況下，每天都應該餵養發酵種。否則就是每48小時餵養一次。為了進行維持酵母的續種，請混入一些水和麵粉（最好使用以石磨研磨的T65麵粉），麵粉和水的比例為2比1。

但當你為了製作麵包而想進行續種時，請再度準確地進行階段4，而且應該在打算製作麵包的前一天進行。

我們現在要不要來試作發酵種麵包呢？

發酵種麵包
PAIN AU LEVAIN

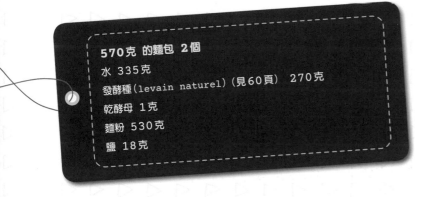

570克 的麵包 2個
水 335克
發酵種(levain naturel)(見60頁) 270克
乾酵母 1克
麵粉 530克
鹽 18克

* 將所有材料秤重並注意水溫。
* 在攪拌盆中放入水、發酵種、酵母,以及麵粉和鹽。用電動攪拌機與揉麵勾攪打至形成平滑均勻的麵團。接著將麵團從攪拌盆中取出,在工作檯上仔細地揉麵(約15至20分鐘)。
* 揉麵結束後,揉成團狀,再放回攪拌盆中。蓋上保鮮膜,靜置1小時。
* 取出麵團,分成每個570克。將這些麵團用手滾圓,再將這些麵球揉成漂亮的圓形。將麵團反面朝上地擺在藤籃中。蓋上保鮮膜,在室溫下(22-24℃)靜置2小時15分鐘。
* 烤箱內裝滴油盤,將烤箱預熱至180℃(熱度6)。將藤籃倒扣在鋪了烤盤紙的烤盤上,為麵團劃切割紋並放入烤箱烘烤。立刻在滴油盤中倒入1杯水,快速將烤箱門關起,烤約40分鐘,烤至麵包呈現漂亮的顏色。
* 出爐後,在網架上為麵包脫模並放涼。

以麵包機製作,在麵包機的槽中放入材料,並選擇12分鐘的揉麵行程。

適合搭配白醬燉小牛肉(blanquette de veau),濃郁的漂亮醬汁,再加上菇類和珍珠小洋蔥,取一塊發酵種麵包,浸泡在料理中,美味完全滲透!

難度:簡單 / 花費:經濟 / 製作時間:6小時 / 基礎溫度:58℃

62

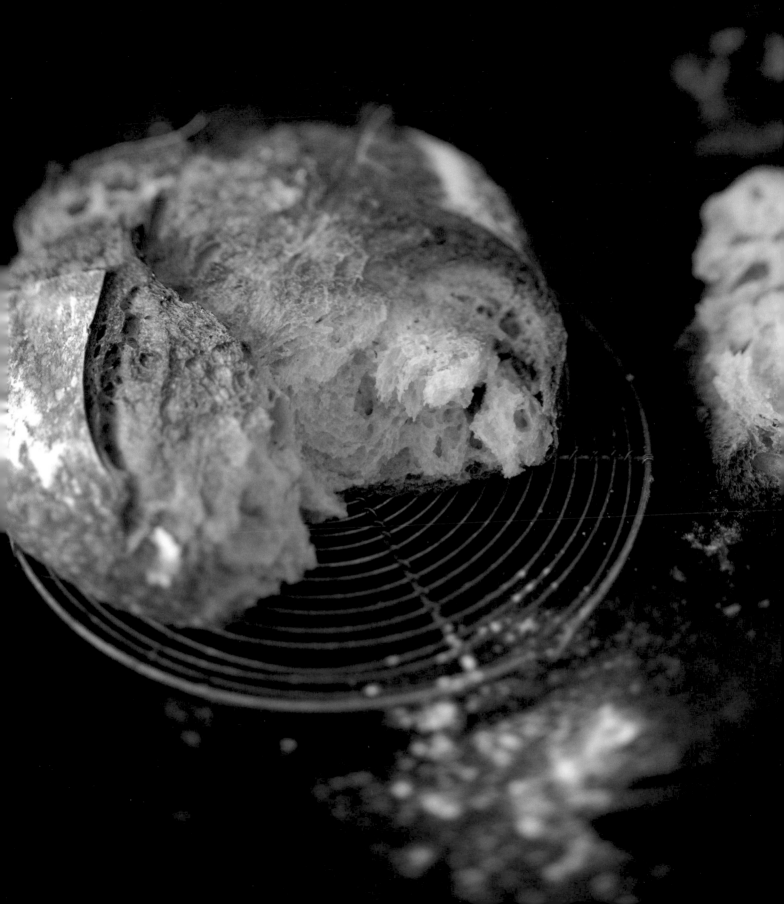

黑橄欖佛卡夏
FOCACCiA
AUX OLiVES NOiRES

210克 的麵包 5個

水 350克

糖 15克

奶粉 15克

橄欖油 15克

乾酵母 10克

麵粉 600克

鹽 10克

去核黑橄欖 80克

* 將所有材料秤重並注意水溫。

* 在麵包機的槽中放入水、糖、奶粉、橄欖油、酵母，以及麵粉和鹽。選擇12分鐘的揉麵行程。接著加入切塊的黑橄欖，再揉麵5分鐘。

* 揉麵結束後，將麵團整型成圓形，擺入攪拌盆中。蓋上保鮮膜，靜置45分鐘。

* 取出麵團，分成5個210克的麵團。將這些麵團用手滾圓，接著將這些麵球揉成圓形。將麵團擺在鋪有烤盤紙的烤盤上，靜置幾分鐘後再用刷子刷上橄欖油，並用指尖將麵包壓整攤開成餅狀。

* 蓋上保鮮膜，在室溫下（22-24℃）靜置1小時30分鐘。

* 烤箱內裝滴油盤，將烤箱預熱至200℃（熱度6-7）。將佛卡夏放入烤箱烘烤，並立刻在滴油盤中倒入1杯水。快速將烤箱門關起，烤約25分鐘，烤至麵包呈現漂亮的顏色。

* 出爐後，將佛卡夏擺在網架上放涼。

這道黑橄欖佛卡夏是番茄莫札瑞拉乳酪沙拉（salade de tomates-mozzarella）完美的搭配，再佐上巴薩米克油醋醬（vinaigrette au balsamique），就是理想的夏季餐點。

難度：簡單 / 花費：經濟 / 製作時間：3小時30分鐘 / 基礎溫度：58℃

這是我從義大利帶回來,而且從不厭倦的配方。
它也是我店裡最暢銷的麵包!

105克 的麵包 11個

水 455克
乾酵母 10克
蒜粉(ail en semoule) 7克
糖 7克
橄欖油 10克
牛奶 25克
馬鈴薯粉 65克
(flocons de pomme de terre)
麵粉 585克
鹽 10克

馬鈴薯麵包
PAIN AUX FLOCONS DE POMME DE TERRE

* 將所有材料秤重並注意水溫。
* 在裝有揉麵勾的攪拌機中放入水、酵母、蒜粉、糖、橄欖油、牛奶、馬鈴薯粉,以及麵粉和鹽。用速度1攪打至混料均勻。接著以中速揉麵,直到形成平滑的麵團,即約6分鐘左右。
* 揉麵結束後,將麵團整型成圓形。擺入攪拌盆中,蓋上保鮮膜,靜置1小時。
* 取出麵團,分成每個105克。將這些麵團用手整型成圓球狀,擺入鼓狀的矽膠模中。蓋上保鮮膜,在室溫下(22-24℃)靜置1小時30分鐘。
* 烤箱內裝滴油盤,將烤箱預熱至220℃(熱度7-8)。將麵團放入烤箱,立刻在滴油盤中倒入1杯水。快速將烤箱門關起,烤約20分鐘,烤至麵包呈現漂亮的顏色。
* 出爐後,脫模擺在網架上放涼。

將麵包脫模後,再放回烤箱烤4至5分鐘,完成烘乾並上色。

這款麵包是如此柔軟,用麵包蘸取濃郁可口的醬汁絕對是人間美味。可搭配以白酒、小牛肉高湯和培根燉煮的砂鍋燉小牛肉(veau braisé en cocotte)開始。

難度:簡單 / 花費:經濟 / 製作時間:3小時 / 基礎溫度:58℃

添加馬鈴薯粉會讓這款麵包形成異常柔軟的質地。
你將以不同眼光看待你的馬鈴薯粉！

蘑菇麵包
PAIN AUX CHAMPIGNONS

* 將所有材料秤重並注意水溫。在平底煎鍋中以些許橄欖油翻炒蘑菇片，預留備用。

* 在麵包機的槽中放入水、橄欖油、酵母，以及麵粉和鹽。選擇12分鐘的揉麵行程。接著加入炒過的蘑菇，再揉麵5分鐘。

* 揉麵結束後，將麵團整型成圓形，擺入攪拌盆中。蓋上保鮮膜，靜置1小時。

* 取出麵團，分成每個70克。將這些麵團用手滾圓，接著將這些麵球揉成圓形。將麵團擺在鋪有烤盤紙的烤盤上，蓋上保鮮膜，在室溫下（22-24℃）靜置1小時。

* 將麵團放入烤箱，立刻在滴油盤中倒入1杯水。快速將烤箱門關起，烤約16分鐘，烤至麵包呈現漂亮的顏色。

* 出爐後，將小麵包擺在網架上放涼。

注意，在炒蘑菇時請炒至水分完全蒸發，以免使麵團過濕！在此可使用各種菇類，從巴黎蘑菇（champignon de Paris）、羊肚蕈（morille），到雞油蕈（girolle）皆可。依你的喜好！

當你將麵團滾圓或製成圓麵包時，記得用保鮮膜將待處理的麵團蓋起，以免接觸到空氣而乾燥。

萵苣培根沙拉（frisée aux lardons）、令人垂涎三尺的煎蛋卷（omelette），和你帶有獨特森林風味的蘑菇麵包：令人難忘的一餐就此完成。

難度：簡單 / 花費：經濟 / 製作時間：2小時45分鐘 / 基礎溫度：58℃

身為蘑菇瘋狂愛好者的我，就是難以抵擋將蘑菇加進麵包裡的慾望。
而結果也令人滿意：多棒的香氣！

栗子麵包
PAIN À LA FARINE
DE CHÂTAIGNE

150克 的麵包 7個

水 400克
斯佩耳特小麥發酵種乾酵母 25克
(levain déshydraté d'épeautre)
乾酵母 4克
奶油 10克
糖 5克
檸檬汁 5克
T80麵粉 510克
栗子粉 90克(farine de châtaigne)
鹽 10克

✳ 將所有材料秤重並注意水溫。

✳ 在裝有揉麵勾的攪拌機中放入水、斯佩耳特小麥發酵種乾酵母、酵母、奶油、糖、檸檬汁，以及麵粉、栗子粉和鹽。用速度1攪打至混料均勻。接著以中速揉麵，直到形成平滑的麵團，即約6分鐘左右。揉麵結束後，將麵團整型成圓形。擺入攪拌盆中，蓋上保鮮膜，靜置1小時。

✳ 取出麵團，分成150克的麵團。將這些麵團用手滾圓，接著將這些麵球揉成圓形。將麵團擺在鋪有烤盤紙的烤盤上，蓋上保鮮膜，在室溫下（22-24℃）靜置1小時30分鐘。

✳ 烤箱內裝滴油盤，將烤箱預熱至220℃（熱度7-8）。用剪刀在麵包表面剪出小小的尖角，接著將麵團放入烤箱。立刻在滴油盤中倒入1杯水，快速將烤箱門關起，烤約24分鐘，烤至麵包呈現漂亮的顏色。

✳ 出爐後，擺在網架上放涼。

在你家附近的有機商店找不到發酵種乾酵母？在這種情況下，請計算5克的一般乾酵母，而非配方中原先預計的4克。

你總是在尋找思考該選擇什麼樣的麵包來搭配綜合冷肉盤（charcuteries）嗎？別再猶豫，就是它了！尤其是當你希望烘托出科西嘉的醃漬食品（salaison corse）時，非常適合用栗子粉來搭配。

難度：簡單 / 花費：經濟 / 製作時間：3小時15分鐘 / 基礎溫度：58℃

72

這道麵包微甜、討人喜歡，而且非常具有節慶氣氛，可在大小場合用來搭配主餐享用。

酒香榛果麵包
PAIN AU VIN ET AUX NOISETTES

80克 的麵包 14個
酒體醇厚的紅酒 410克
(vin rouge corsé)
發酵種乾酵母 25克
(levain déshydraté de blé)
乾酵母 4克
奶油 10克
麵粉 530克
黑麥粉 (farine de seigle) 70克
鹽 10克
榛果 100克

✳ 將所有材料秤重並注意水溫。用平底煎鍋烘香榛果，或用烤箱烘烤，預留備用。

✳ 在麵包機的槽中放入紅酒、發酵種乾酵母、酵母、奶油，以及二種麵粉和鹽。選擇12分鐘的揉麵行程。接著加入烤過的榛果，再揉麵5分鐘。揉麵結束後，將麵團整型成圓形，擺入攪拌盆中。蓋上保鮮膜，靜置1小時。

✳ 取出麵團，分成每個80克。將這些麵團用手滾圓，接著將這些麵球揉成漂亮的圓形麵包。將麵團擺在鋪有烤盤紙的烤盤上，將1個小麵包擺在中央，其他的擺在周圍。蓋上保鮮膜，在室溫下（22-24℃）靜置1小時30分鐘。

✳ 烤箱內裝滴油盤，將烤箱預熱至220℃（熱度7-8）。將麵團放入烤箱，立刻在滴油盤中倒入1杯水。快速將烤箱門關起，烤約25分鐘，烤至麵包呈現漂亮的顏色。

✳ 出爐後，擺在網架上放涼。

在你家附近的有機商店找不到發酵種乾酵母？在這種情況下，請計算5克的一般乾酵母，而非配方中原先預計的4克。

葡萄酒和榛果是二種結合起來非常適合用來搭配兔肉的材料。因此請製作一道美味的酒蔥燉肉（civet），並用做麵包的同一種紅酒來製作，最好是阿爾薩斯（Alsace）的黑皮諾（pinot noir）或勃艮第（Bourgogne）的葡萄酒。

難度：簡單 / 花費：經濟 / 製作時間：3小時15分鐘 / 基礎溫度：58℃

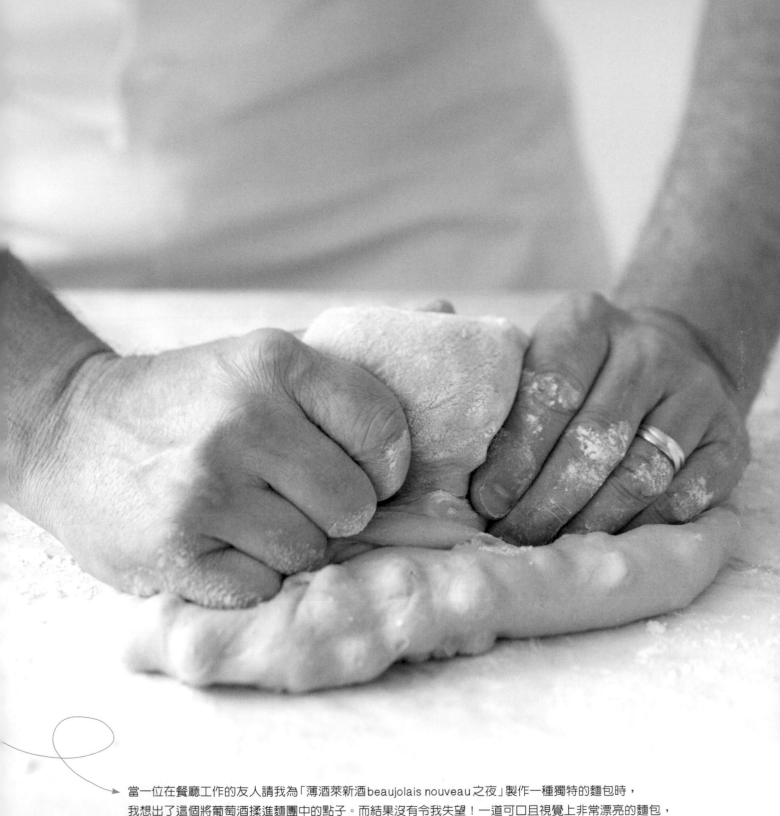

當一位在餐廳工作的友人請我為「薄酒萊新酒beaujolais nouveau之夜」製作一種獨特的麵包時，
我想出了這個將葡萄酒揉進麵團中的點子。而結果沒有令我失望！一道可口且視覺上非常漂亮的麵包，
因此保留了這個配方，而且很樂於依心情…以及葡萄品種來變換口味。

1.050公斤 的麵包 1個
水 420克
斯佩耳特小麥發酵種乾酵母 25克
(levain déshydraté d'épeautre)
乾酵母 4克
奶油 8克
糖 10克
檸檬汁 5克
麵粉 460克
卡姆麥粉 140克
(farine de kamut)
鹽 10克

卡姆麥麵包
PAIN À LA FARINE
DE KAMUT

* 將所有材料秤重並注意水溫。
* 在裝有揉麵勾的攪拌機中放入水、斯佩耳特小麥發酵種乾酵母、酵母、奶油、糖、檸檬汁,以及二種麵粉和鹽。用速度1攪打至混料均勻。接著以中速揉麵,直到形成平滑的麵團,即約6分鐘左右。揉麵結束後,將麵團整型成圓形。擺入攪拌盆中,蓋上保鮮膜,靜置1小時。
* 取出麵團,滾圓,擺在略為上油的陶瓷烤盤中。蓋上保鮮膜,在室溫下(22-24℃)靜置1小時30分鐘。
* 烤箱內裝滴油盤,將烤箱預熱至180℃(熱度6)。表面撒少許麵粉,用刀在麵包上劃出十字割紋與線條,將麵團放入烤箱。立刻在滴油盤中倒入1杯水,快速將烤箱門關起,烤約45分鐘,烤至麵包呈現漂亮的顏色。
* 出爐後,在網架上為麵包脫模並放涼。

將麵包脫模後,再放回烤箱烤4至5分鐘,完成烘乾並上色。

在你家附近的有機商店找不到發酵種乾酵母?在這種情況下,請計算5克的一般乾酵母,而非配方中原先預計的4克。

卡姆麥(kamut)細緻的風味令人很難不聯想到榛果,它的味道似乎在誘惑著你來盤乳酪,或搭配起司火鍋(fondue)。

難度:簡單 / 花費:經濟 / 製作時間:3小時15分鐘 / 基礎溫度:58℃

我想將卡姆麥這種遭人遺忘的食材發揚光大。
它為麵包提供一種特殊的質感，令人難以忘懷。

130克 的麵包 10個
水 485克
橄欖油 8克
乾酵母 10克
傳統芥末籽醬80克
(moutarde à l'ancienne)
糖 10克
麵粉 750克
鹽 10克

芥末麵包
PAIN À LA MOUTARDE

* 將所有材料秤重並注意水溫。
* 在攪拌盆中放入水、橄欖油、酵母、傳統芥末籽醬、糖,以及麵粉和鹽。用電動攪拌機與揉麵勾攪打至形成平滑均勻的麵團。
* 將麵團從攪拌盆中取出,在工作檯上仔細地揉麵(至少20分鐘)。揉麵結束後,揉成團狀,再放回攪拌盆中。蓋上保鮮膜,靜置1小時。
* 取出麵團,分成每個130克。將這些麵團用手滾圓,再將這些麵球揉成漂亮的圓形。將麵團放入略為上油的布蕾小烤皿(plat à crème brûlée)中。蓋上保鮮膜,在室溫下(22-24℃)靜置2小時。
* 烤箱內裝滴油盤,將烤箱預熱至200℃(熱度6-7)。將麵團連同小烤皿放入烤箱,並立刻在滴油盤中倒入1杯水。快速將烤箱門關起,烤約25分鐘,烤至麵包呈現漂亮的顏色。
* 出爐後,在網架上為麵包脫模並放涼。

將麵包脫模後,再放回烤箱中烤4至5分鐘,完成烘乾並上色。

麵包機製作,在麵包機的槽中放入材料,並選擇25分鐘的揉麵行程。

你可修改這道配方:不將芥末籽醬加進麵團中,而是抹在用擀麵棍擀平的麵團上,撒上培根後將麵團捲起。如同葡萄乾麵包般將這豬肉卷切片,然後擺在烤盤上,烘烤20分鐘。這是另一種呈現方式,同樣令人激賞!

帶有微妙的芥末味,這道獨特的麵包和弗拉芒啤酒燉肉(carbonade flamande)-在啤酒中以小火燉煮的牛肉塊,和香料麵包(pain d'épices)構成完美的平衡。

難度:簡單 / 花費:經濟 / 製作時間:3小時45分鐘 / 基礎溫度:58℃

麵包中的芥末絕不刺鼻：經過烘烤，刺鼻的力道已經減弱，只保留芥末的香氣。
這款麵包的風味比外觀還要精緻！

零食系列
POUR GRIGNOTER

薄酒萊臘腸長棍麵包
BAGUETTE BEAUJOLAIS-CHORIZO

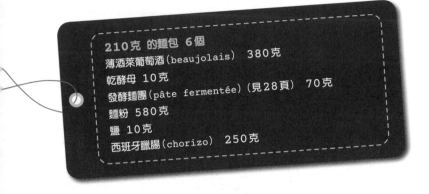

210克 的麵包 6個
薄酒萊葡萄酒(beaujolais) 380克
乾酵母 10克
發酵麵團(pâte fermentée)(見28頁) 70克
麵粉 580克
鹽 10克
西班牙臘腸(chorizo) 250克

❋ 將所有材料秤重並注意水溫。

❋ 在麵包機的槽中放入薄酒萊葡萄酒、酵母、發酵麵團,以及麵粉和鹽。選擇12分鐘的揉麵行程。接著加入切小塊的西班牙臘腸,再揉麵5分鐘。

❋ 揉麵結束後,將麵團整型成圓形,擺入攪拌盆中。蓋上保鮮膜,靜置1小時。

❋ 取出麵團,分成每個210克。將這些麵團用手滾圓,接著將這些麵球揉成漂亮的長形。將兩端的10公分揉尖一些。擺在鋪有烤盤紙的烤盤上。蓋上保鮮膜,並在室溫下(22-24℃)靜置1小時30分鐘。

❋ 烤箱內裝滴油盤,將烤箱預熱至200℃(熱度6-7)。為麵包劃切一條割紋,入烤箱烘烤。立刻在滴油盤中倒入1杯水,快速將烤箱門關起,烤約35分鐘,烤至麵包呈現漂亮的顏色。

❋ 出爐後,擺在網架上放涼。

若廚房裡的溫度低於22-24℃,麵團會很難發酵膨脹。在這種情況下,請讓麵團靠近熱源。但請勿直接擺在熱源上:麵團不喜歡被粗暴對待!

難度:簡單 / 花費:稍高 / 製作時間:3小時15分鐘 / 基礎溫度:58℃

有時我會用酒煮的里昂臘腸（saucisson de Lyon）來取代
西班牙臘腸。經過酒的浸泡，讓每一口都充滿薄酒萊葡萄
酒的風味。這是雙重的絕妙享受！

乳酪臘腸手指麵包
FiNGERS
FROMAGE-CHORIZO

60克 的麵包 25個
水 375克
諾麗帕苦艾酒 (Noilly-Prat) 105克
乾酵母 5克
麵粉 600克
石磨麵粉 150克
鹽 10克
西班牙臘腸 (chorizo) 125克
乳酪絲 (fromage râpé) 125克
(格律耶爾 gruyère、愛蒙塔爾 emmental 均可)

* 將所有材料秤重並注意水溫。
* 在麵包機的槽中放入水、諾麗帕苦艾酒、酵母,以及二種麵粉和鹽。選擇12分鐘的揉麵行程。在這段時間後,加入西班牙臘腸塊和乳酪絲,再揉麵5分鐘。
* 揉麵結束後,將麵團整型成圓形,擺入攪拌盆中。蓋上保鮮膜,靜置1小時。
* 取出麵團,分成每個60克。將這些麵團用手滾圓,接著將這些麵球揉成約20公分的長形小麵團。將麵團擺在鋪有烤盤紙的烤盤上。蓋上保鮮膜,並在室溫下 (22-24℃) 靜置1小時30分鐘。
* 烤箱內裝滴油盤,將烤箱預熱至190℃ (熱度6-7)。將麵團放入烤箱,並立刻在滴油盤中倒入1杯水。快速將烤箱門關起,烤約16分鐘,烤至麵包呈現漂亮的顏色。
* 出爐後,擺在網架上放涼。

在將麵團滾圓或進行整型時,記得用保鮮膜將待處理的麵團蓋起,以免接觸到空氣而乾燥。

諾麗帕苦艾酒是一種開胃酒,帶有植物和香草的香氣。若你沒有諾麗帕苦艾酒,亦可用馬丁尼 (Martini) 或是一般苦艾酒 (vermouth) 代替。

難度:簡單 / 花費:稍高 / 製作時間:3小時 / 基礎溫度:58℃

非常容易塞進口袋裡的小麵包，可作為隨時的小零嘴。

蘋果香腸麵包
PAIN POMME-ANDOUILLE

✳ 將所有材料秤重並注意水溫。

✳ 在裝有揉麵勾的攪拌機中放入水、發酵麵團、酵母、牛奶，以及麵粉和鹽。用速度1攪打至混料均勻。接著以中速揉麵，直到形成平滑的麵團，即約6分鐘左右。接著混入香腸片、蘋果丁和卡蒙貝爾乳酪，再以速度1揉至材料完全混入麵團中。

✳ 揉麵結束後，將麵團整型成圓形。擺入攪拌盆中，蓋上保鮮膜，靜置1小時。

✳ 取出麵團，分成5個240克的麵團。直接揉成圓形麵包，並擺在鋪有烤盤紙的烤盤上。蓋上保鮮膜，並在室溫下（22-24℃）靜置1小時45分鐘。

✳ 烤箱內裝滴油盤，將烤箱預熱至180℃（熱度6）。為麵包劃出十字割紋，入烤箱烘烤。立刻在滴油盤中倒入1杯水，快速將烤箱門關起，烤約28分鐘，烤至麵包呈現漂亮的顏色。

✳ 出爐後，擺在網架上放涼。

享用前請毫不猶豫地將這料多的麵包再加熱一會兒，讓麵包可以充分展現它所有的風味，並讓卡蒙貝爾乳酪融化。

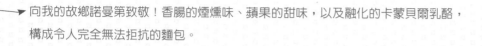

向我的故鄉諾曼第致敬！香腸的煙燻味、蘋果的甜味，以及融化的卡蒙貝爾乳酪，構成令人完全無法拒抗的麵包。

難度：簡單 / 花費：稍高 / 製作時間：3小時45分鐘 / 基礎溫度：58℃

240克 的麵包 5個

水 125克

發酵麵團 125克

（pâte fermentée）（見28頁）

乾酵母 5克

牛奶 200克

麵粉 500克

鹽 10克

切片的維爾豬肉腸 125克

（andouille de Vire）

削皮並切塊的蘋果 75克

切小塊的卡蒙貝爾乳酪 75克

（camembert）

340克 的麵包 4個
水 330克
乾酵母 5克
發酵麵團 200克
(pâte fermentée)（見28頁）
麵粉 430克
黑麥粉(farine de seigle) 115克
鹽 10克
葡萄乾 150克
核桃仁 125克
蜂蜜 40克

這三種食材出色的結合，形成味道和質地上的和諧。◀

蜂蜜核桃葡萄乾麵包
PAIN AU MIEL, NOIX ET RAISINS

* 將所有材料秤重並注意水溫。
* 在攪拌盆中放入水、酵母、發酵麵團，以及二種麵粉和鹽。用電動攪拌機與揉麵勾攪打至形成平滑均勻的麵團。接著將麵團從攪拌盆中取出，在工作檯上仔細地揉麵（約15分鐘）。接著加入葡萄乾和預先與蜂蜜拌在一起的核桃，再揉麵5分鐘。
* 揉麵結束後，揉成團狀，再放回攪拌盆中。蓋上保鮮膜，靜置1小時。
* 取出麵團，分成每個340克。將這些麵團用手揉成略為緊實的球狀，再將這些麵球揉成20公分長的巴塔麵包(bâtard)。將麵團擺在鋪有烤盤紙的烤盤上。蓋上保鮮膜，在室溫下（22-24℃）靜置1小時30分鐘。
* 烤箱內裝滴油盤，將烤箱預熱至180℃（熱度6）。將麵團放入烤箱，並立刻在滴油盤中倒入1杯水。快速將烤箱門關起，烤約30分鐘，烤至麵包呈現漂亮的顏色。
* 出爐後，擺在網架上放涼。

以麵包機製作，在麵包機的槽中放入材料，選擇揉麵14分鐘的行程。接著加入葡萄乾，以及和蜂蜜拌在一起的核桃，再揉麵5分鐘。

難度：簡單 / 花費：稍高 / 製作時間：3小時30分鐘 / 基礎溫度：58℃

260克 的麵包 5個
水 330克
發酵麵團 200克
(pâte fermentée)（見28頁）
乾酵母 5克
麵粉 465克
黑麥粉 80克
(farine de seigle)
鹽 10克
蔓越莓乾 80克
切塊的杏桃乾 80克
整顆杏仁 40克（約略切碎）
楓糖漿 40克

杏桃杏仁蔓越莓麵包

PAIN AUX ABRICOTS, AMANDES ET CRANBERRIES

* 將所有材料秤重並注意水溫。

* 在麵包機的槽中放入水、發酵麵團、酵母，以及二種麵粉和鹽。選擇12分鐘的揉麵行程。在這段時間後，加入蔓越莓乾、杏桃塊和預先用楓糖漿拌過的杏仁，再揉麵5分鐘。

* 揉麵結束後，揉成團狀，再放回攪拌盆中。蓋上保鮮膜，靜置1小時。

* 取出麵團，分成260克的麵團。將這些麵團用手滾圓，再將這些麵球揉成漂亮的長形。將麵團擺在鋪有烤盤紙的烤盤上。蓋上保鮮膜，在室溫下（22-24℃）靜置2小時。

* 烤箱內裝滴油盤，將烤箱預熱至180℃（熱度6）。將麵團放入烤箱，並立刻在滴油盤中倒入1杯水。快速將烤箱門關起，烤約28分鐘，烤至麵包呈現漂亮的顏色。

* 出爐後，擺在網架上放涼。

為了讓麵包更美觀，可用刀片在整個長邊劃切割紋再烘烤。

難度：簡單 / 花費：稍高 / 製作時間：3小時45分鐘 / 基礎溫度：58℃

應巴黎一名知名主廚的要求，我發明了這個麵包。
能夠補充大量的能量，非常適合做為活力早餐，
或是作為抗疲勞的營養補給品。

綠橄欖奧勒岡鼓形麵包

TiMBALES AUX OLiVES VERTES ET ORiGAN

* 將所有材料秤重並注意水溫。
* 在麵包機的槽中放入水、橄欖油、酵母、小麥蛋白,以及麵粉和鹽。選擇20分鐘的揉麵行程。在這段時間後,加入切成小塊的去籽橄欖和切碎的奧勒岡葉,再揉麵5分鐘。
* 揉麵結束後,揉成團狀,再放回攪拌盆中。蓋上保鮮膜,靜置1小時。
* 取出麵團,分成每個60克。直接揉成漂亮的圓形麵包,放入陶瓷或玻璃製的優格罐中,或是鼓形的矽膠模模中。蓋上保鮮膜,在室溫下(22-24℃)靜置2小時。
* 烤箱內裝滴油盤,將烤箱預熱至190℃(熱度6-7)。在麵包表面劃切割紋,放入烤箱烘烤。立刻在滴油盤中倒入1杯水,快速將烤箱門關起,烤約15分鐘,烤至麵包呈現漂亮的顏色。
* 出爐後,在網架上為鼓形麵包脫模並放涼。

麵包脫模後,再放回烤箱中烤4至5分鐘,完成烘乾並上色。

當你在將麵團滾圓或進行整型時,請記得用保鮮膜將待處理的麵團蓋起,以免接觸到空氣而乾燥。

你可在大多數的有機商店中找到小麥蛋白(gluten)。以它用來增加麵團的筋度。若沒有小麥蛋白,可用T45麵粉(farine gruau)來取代T65麵粉。

難度:簡單 / 花費:稍高 / 製作時間:3小時45分鐘 / 基礎溫度:58℃

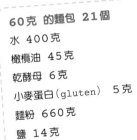

60克 的麵包 21個

水 400克

橄欖油 45克

乾酵母 6克

小麥蛋白(gluten) 5克

麵粉 660克

鹽 14克

綠橄欖 150克

奧勒岡葉(origan) 10克

這些小麵包的形狀能夠吸引你，就如同它們蘊含的普羅旺斯風味一樣。
探索無需等待！

培根葉形麵包
FOUGASSE AUX LARDONS

220克 的麵包 6個
水 360克
橄欖油 45克
乾酵母 6克
小麥蛋白(gluten) 5克
麵粉 660克
鹽 14克
炒過的培根250克(切丁)
(lardons revenus)

* 將所有材料秤重並注意水溫。

* 在麵包機的槽中放入水、橄欖油、酵母、小麥蛋白,以及麵粉和鹽。選擇20分鐘的揉麵行程。在這段時間後,加入炒培根丁,再揉麵5分鐘。

* 揉麵結束後,揉成團狀,再放回攪拌盆中。蓋上保鮮膜,靜置1小時。

* 取出麵團,分成220克的麵團。將這些麵團用手滾圓,接著擺在鋪有烤盤紙並略為上油的烤盤上。用手指將麵團壓平攤開,形成橢圓形。用切板(corne)或刀劃出3道水平切口,並將切口稍微撐開。蓋上保鮮膜,在室溫下(22-24℃)靜置2小時。

* 烤箱內裝滴油盤,將烤箱預熱至190℃(熱度6-7)。將葉形麵包放入烤箱烘烤,並立刻在滴油盤中倒入1杯水。快速將烤箱門關起,烤約22分鐘,烤至麵包呈現漂亮的顏色。

* 出爐後,擺在網架上放涼。

在烘烤葉形麵包前,你可用刷子刷上少許橄欖油,讓麵包變得更柔軟,且有利於保存。

你可在大多數的有機商店中找到小麥蛋白(gluten)。它用來增加麵團的筋度。若沒有小麥蛋白,可用T45麵粉(farine gruau)來取代T65麵粉。

記得先將培根葉形麵包加熱一會兒,再作為開胃小點享用。如此一來,麵包會變得更柔軟!

難度:簡單 / 花費:經濟 / 製作時間:3小時45分鐘 / 基礎溫度:58℃

不退流行的基本麵包，製作簡單，而且可依個人喜好進行調整。

油封番茄煎麵包
PAIN POÊLÉ
AUX TOMATES CONFITES

14公分的《烘餅狀》麵包 6個

冷水 330克

高脂鮮奶油 100克
(crème épaisse)

乾酵母 5克

泡打粉 11克

糖 20克

麵粉 465克

黑麥粉180克
(farine de seigle)

鹽 13克

油封番茄(tomate confite) 55克

＊ 將所有材料秤重並注意水溫。

＊ 在裝有揉麵勾的攪拌機中放入水、高脂鮮奶油、酵母、泡打粉、糖，以及二種麵粉和鹽。用速度1攪打至混料均勻。接著以中速揉麵，直到形成平滑的麵團，即約3分鐘左右。接著混入切成小塊的油封番茄，再以速度1攪拌，直到將油封番茄完全混入麵團中。

＊ 揉麵結束後，將麵團整型成圓形。擺入攪拌盆中，蓋上保鮮膜，冷藏靜置1小時。

＊ 取出麵團，用擀麵棍擀成3公釐的厚度。用叉子在麵皮上戳洞，接著裁成6塊圓形餅皮。擺在鋪有烤盤紙的烤盤上。蓋上保鮮膜，在室溫下（22-24℃）靜置45分鐘。

＊ 靜置後，用抹了油的平底煎鍋以中火煎麵包，每面約煎30秒。

難度：簡單 ∕ 花費：經濟 ∕ 製作時間：2小時 ∕ 基礎溫度：56℃

當我在雷諾特甜點學校（Lenôtre）教書時，一位學生詢問我是否有免用烤箱烘烤的麵包配方。

我絞盡腦汁，最後終於想出這道與眾不同的麵包。

試試看吧，絕對令人印象深刻！

南瓜燻豬肉麵包
PAIN AU POTIRON ET À LA VENTRÈCHE

210克 的麵包 8個

南瓜湯 265克
(soupe de potiron)
水 300克
橄欖油 17克
糖 15克
肉桂粉 2克(1小匙)
乾酵母 10克
麵粉 680克
全麥麵粉 135克
鹽 10克
醃燻鹹豬肉 200克
(ventrèche salée)

✳ 將所有材料秤重並注意水溫。

✳ 在麵包機的槽中放入南瓜湯、水、橄欖油、糖、肉桂粉、酵母,以及二種麵粉和鹽。選擇12分鐘的揉麵行程。在這段時間後,加入預先切成條狀並以平底煎鍋翻炒過,切成小塊的醃燻鹹豬肉,再揉麵5分鐘。

✳ 揉麵結束後,將麵團整型成圓形,擺入攪拌盆中。蓋上保鮮膜,靜置1小時。

✳ 取出麵團,分成每個210克。將這些麵團用手揉成長形,接著再整型成35公分長的長棍麵包。將麵團擺在鋪有烤盤紙的烤盤上。蓋上保鮮膜,並在室溫下(22-24℃)靜置45分鐘。

✳ 烤箱內裝滴油盤,將烤箱預熱至200℃(熱度6-7)。將麵團劃切菱格割紋後放入烤箱,立刻在滴油盤中倒入1杯水。快速將烤箱門關起,烤約19分鐘,烤至麵包呈現漂亮的顏色。

✳ 出爐後,擺在網架上放涼。

祖母的花園裡有大量的南瓜,她為我做出喝不完的湯,多到可以把南瓜湯放進麵包了!

難度:簡單 / 花費:經濟 / 製作時間:2小時15分鐘 / 基礎溫度:58℃

黑麵包
PAIN NOIR

580克 的麵包 2個
水 415克
咖啡精 (extrait de café) 5克
發酵麵團 225克
(pâte fermentée)(見28頁)
芝麻 35克
棕色亞麻仁籽 35克
(graine de lin brun)
葵花籽 20克
黑麥粉 (farine de seigle) 445克
鹽 10克

＊ 將所有材料秤重並注意水溫。

＊ 在麵包機的槽中放入水、咖啡精、發酵麵團、各種種子，以及黑麥粉和鹽。選擇只揉麵的10分鐘行程。

＊ 揉麵結束後，將麵團整型成圓形，擺入攪拌盆中。蓋上保鮮膜，靜置1小時。

＊ 取出麵團，分成每個580克。直接揉成巴塔麵包（Bâtard）的形狀，放入略為上油的方形蛋糕模中。將刮板（corne）縱向插入每塊麵包中央至2/3的深度。

＊ 蓋上保鮮膜，在室溫下（22-24℃）靜置2小時。

＊ 烤箱內裝滴油盤，將烤箱預熱至180℃（熱度6）。將麵團放入烤箱，並立刻在滴油盤中倒入1杯水。快速將烤箱門關起，烤約45分鐘，烤至麵包呈現漂亮的顏色。

＊ 出爐後，在網架上為麵包脫模並放涼。

麵包脫模後，再放回烤箱中烤4至5分鐘，完成烘乾並上色。

一道我直接從德國帶回來的配方。德國是大量食用麵包的國家，只是沒有白色的麵包：
他們的麵包顏色總是很深，而且加了許多種子。
想為平日食用麵包變換口味的人，可以試試看。

難度：簡單／花費：經濟實惠／製作時間：4小時／基礎溫度：64℃

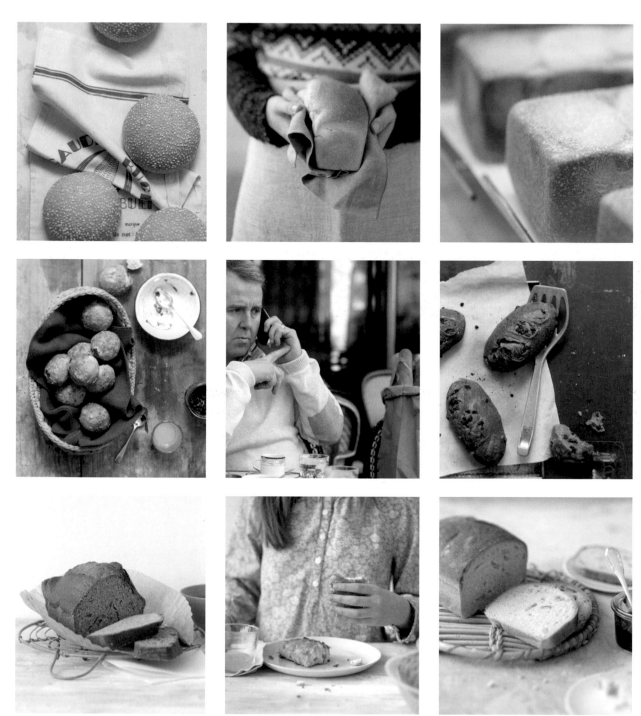

令人神魂顛倒

POUR CRAQUER

70克 的麵包 15個
水 180克
牛奶 200克
發酵種乾酵母 25克
(levain déshydraté de blé)
乾酵母 5克
奶油 20克
蜂蜜 30克
什錦穀片(muesli) 130克
T80麵粉 360克
黑麥粉 70克
(farine de seigle)
鹽 15克
無花果乾 50克
杏桃乾 30克

什錦穀片麵包
PAIN MUESLI

✳ 將所有材料秤重並注意水溫。

✳ 在裝有揉麵勾的攪拌機中放入水、牛奶、發酵種乾酵母、酵母、奶油、蜂蜜、什錦穀片,以及二種麵粉和鹽。用速度1攪打至混料均勻。接著以中速揉麵,直到形成平滑的麵團,即約6分鐘左右。接著混入切塊的無花果乾和杏桃乾,再以速度1攪拌,揉至材料完全混入麵團中。

✳ 揉麵結束後,將麵團整型成圓形。擺入攪拌盆中,蓋上保鮮膜,靜置30分鐘。

✳ 取出麵團,分成每個70克。直接揉成圓形,將麵團擺在鋪有烤盤紙的烤盤上。蓋上保鮮膜,在室溫下(22-24℃)靜置2小時。

✳ 烤箱內裝滴油盤,將烤箱預熱至180℃(熱度6)。將麵團放入烤箱,立刻在滴油盤中倒入1杯水。快速將烤箱門關起,烤約22分鐘,烤至麵包呈現漂亮的顏色。

✳ 出爐後,擺在網架上放涼。

當你在將麵團滾圓或進行整型時,記得用保鮮膜將待處理的麵團蓋起,以免接觸到空氣而乾燥。

在你家附近的有機商店中找不到發酵種乾酵母?在這種情況下,請將5克的一般乾酵母增加為6克。

難度:簡單 / 花費:稍高 / 製作時間:3小時 / 基礎溫度:50℃

當我在飯店裡享用早餐時，
經常發現顧客們會選擇
什錦穀片，而對麵包不感興趣。
於是決定將什錦穀片放進我的麵包，
以結合兩種樂趣！

白巧克力維也納麵包
VIENNOIS AU CHOCOLAT BLANC

✳ 將所有材料秤重並注意水溫。

✳ 在攪拌盆中放入牛奶、蛋、酵母，以及麵粉、糖和鹽。用電動攪拌機與揉麵勾攪打至形成平滑均勻的麵團。接著將麵團從攪拌盆中取出，在工作檯上仔細地揉麵（約15分鐘）。接著加入不會太冰冷並切塊的奶油，再揉麵5分鐘。最後加入白巧克力豆，再揉最後5分鐘。

✳ 揉麵結束後，揉成團狀，再放回攪拌盆中。蓋上保鮮膜，靜置30分鐘。

✳ 取出麵團，分成每個90克。將這些麵團用手滾圓，再將這些麵球揉成兩端略尖的長形。將麵團擺在鋪有烤盤紙的烤盤上。蓋上保鮮膜，在室溫下（22-24℃）靜置2小時。

✳ 烤箱內裝滴油盤，將烤箱預熱至160℃（熱度5-6）。沿著長邊上接連劃切數條割紋，用刷子為麵包刷上蛋黃漿（材料表外），放入烤箱烘烤。立刻在滴油盤中倒入1杯水，快速將烤箱門關起，烤約10分鐘，烤至麵包呈現漂亮的顏色。

✳ 出爐後，擺在網架上放涼。

以麵包機製作，在麵包機的槽中放入材料。選擇12分鐘的揉麵行程。接著加入切塊的奶油，再揉額外的5分鐘，最後再加入巧克力豆，再揉最後5分鐘。

在這種略帶皮力歐許風味的麵團中，讓奶油保有良好的穩定度是很重要的。若奶油過熱，麵團就會變黏，而且無法發酵得很好。請好好遵守基礎溫度：為此，請使用冰冷的牛奶，而且毫不猶豫地從前一天晚上就將你的麵粉冷藏，讓麵粉可以保持冰涼。

蛋黃漿（dorure）是在打散的全蛋中加入1撮鹽，拌勻成簡易的麵包表面塗料。在麵團上塗薄薄的一層，可讓麵包呈現出帶有光澤的漂亮顏色。

難度：簡單 / 花費：稍高 / 製作時間：3小時 / 基礎溫度：45℃

90克 的麵包 11個
冰的牛奶 240克
蛋 55克
乾酵母 6克
麵粉 485克
糖 40克
鹽 5克
奶油 55克
白巧克力豆 125克
(pépite de chocolat blanc)

黑巧克力豆版本的維也納麵包，美味眾所皆知。

小圓麵包
BUNS

80克的麵包 13個
水 250克
蛋 90克
乾酵母 8克
小麥蛋白（gluten） 5克
奶粉 30克
糖 50克
麵粉 575克
鹽 14克
奶油 60克
白芝麻

* 將所有材料秤重並注意水溫。
* 在麵包機的槽中放入水、蛋、酵母、小麥蛋白、奶粉、糖，以及麵粉和鹽。選擇25分鐘的揉麵行程。在這段時間後，加入切塊的奶油，再揉麵5分鐘
* 揉麵結束後，將麵團整型成圓形，擺入攪拌盆中。蓋上保鮮膜，靜置40分鐘。
* 取出麵團，分成80克的麵團。直接揉成圓形的小麵團。稍微濕潤麵團的表面，並沾裹上芝麻。
* 擺在鋪有烤盤紙的烤盤上，蓋上保鮮膜，並在室溫下（22-24℃）靜置2小時。
* 將烤箱預熱至180℃（熱度6）。將麵團放入烤箱，烤約20分鐘，烤至麵包形成漂亮的顏色。
* 出爐後，擺在網架上放涼。

在將麵團滾圓或進行整型時，記得用保鮮膜將待處理的麵團蓋起，以免接觸到空氣而乾燥。

當然可以拿來做成漢堡，這樣就是100%的手工漢堡麵包！
而且你會發現食譜是如此簡單，可以和你的孩子們一起製作這些小圓麵包。
共度歡樂的特別時光，再以全家共享美味結束一天。

難度：簡單 / 花費：經濟 / 製作時間：3小時30分鐘 / 基礎溫度：45℃

麵包的歷史與文化
HISTOIRE ET CULTURE
DU PAIN

數千年前誕生於埃及某處的麵包，跨越了時間，直到我們所處的現代。希臘人和羅馬人早已有自己的麵包店，而法國人最早的大眾麵包店則於中世紀時期出現。當時最常製作的是麵包板（pain tranchoir），一種棕色、不新鮮的厚片麵包，在宴會時作為餐盤使用，或是在用餐結束後送給窮人。

一直到了文藝復興時期，麵包受到基督教的大力推廣，才成為大眾化的飲食，至今也仍是如此。過去的農夫會食用他們自己精心製作的黑麵包，而貴族和中產階級則享用麵包店製作的白麵包。法國大革命後，平等的麵包終於誕生，這是眾人的麵包，富人和窮人都可以享用的麵包：「自由、平等和小麥麵粉」。麵包的形式一下變得多樣化，此時，傳統的長棍麵包也隨之問世。

麵包是許多宗教儀式的標記，在法國尤其是強大的文化象徵。留著小鬍子，戴著貝雷帽，腋下夾著麵包。沒錯，就是麵包讓我們成為法國人。然而，近幾十年法國的麵包食用量已大大地下降。原因在於自1980年代的戰後時期開始，工業化的製作，以及添加物的使用增加，使麵包的品質明顯下降。另一個原因則是大家的意識，和許多著作中逐漸萌生的成見（麵包讓人發胖、麵包對健康不好…）。1900年，法國人平均每日食用800克的麵包；現在，食用量下降至130克。營養學家建議每日麵包的攝取量為250克。

麵包始終是讓我們成為法國人的原因：麵包店就是鄰居們在街上相遇之處，也是人們從小第一個購物的地方。麵包店，是生活的一部分，社交的場所，值得我們為了它的生存而戰。這就是某些狂熱的磨坊主人和手工麵包師所做的事。這些專業技能和傳統的護衛者，奮力拯救這「偉大」的麵包。他們的奮戰也帶來了成果：1993年，麵包法令（Déc ret Pain）設立，規定麵包必須在現場進行揉麵、製作和烘烤才能稱為「maison」。傳統長棍麵包（baguettes Tradition）在這不久後誕生，保證無添加物而且是手工製作。真正的麵包能夠死而復生。呼！

麵包的世界巡禮
TOUR DU MONDE DES PAINS
麵包並非法國的專利！全世界各地都有人在食用麵包，只是配方會依當地的特色而定。以下是幾個例子：

- 土耳其的肉餡酥餅（BÖREK），以未發酵的酥皮製成；

- 印度的烤餅（CHAPATI），不加餡料，在鑄鐵板（PLAQUE EN FONTE）上煎烤而成；

- 墨西哥的薄餅（TORTILLA），主要以玉米製成；

- 埃及的太陽麵包（SHAMSI），在日曬下發酵而成；

- 丹麥的黑麵包（RUGBRØD），以黑麥製成的麵包；

- 蒙古的炸麵包（BOORCOG），油炸而成；

- 美國的貝果（BAGEL），水煮後再烤；

- 中國的饅頭，水蒸而成；

- 克羅埃西亞的巴斯克丹（BASKOTIN），用烤箱烤二次…

簡單卻必需的食物
UN ALIMENT SIMPLE ET TOUTEFOIS ESSENTIEL
每日陪伴我們的麵包。不論我們是以傳統還是都會的形式食用，切塊加在湯裡，或是在路上邊走邊吃的三明治，它是唯一能夠在各種餐點、各大餐桌，而且全世界都能夠提供的食物。請給予尊重！

糖漬橙檸蜂蜜麵包
PAIN AU MIEL, CITRON ET ORANGE CONFITS

210克 的麵包 6個
水 335克
蜂蜜 160克
乾酵母 6克
麵粉 690克
鹽 10克
糖漬檸檬 50克
(citron confit)
糖漬柳橙 50克
(orange confit)

* 將所有材料秤重並注意水溫。
* 在裝有揉麵勾的攪拌機中放入水、蜂蜜、酵母，以及麵粉和鹽。用速度1攪打至混料均勻。接著以中速揉麵，直到形成平滑的麵團，即約6分鐘左右。
* 揉麵結束前，加入切成小塊的糖漬檸檬和糖漬柳橙，整形成麵團。擺入攪拌盆中，蓋上保鮮膜，靜置1小時。
* 取出麵團，分成每個210克的麵團。將這些麵團用手滾圓，再將這些麵球揉成巴塔（Bâtard）麵包狀，擺在略為上油的長方形凍派（terrine）模或長方形蛋糕模中。再蓋上保鮮膜，在室溫下（22-24℃）靜置1小時30分鐘。
* 烤箱內裝滴油盤，將烤箱預熱至180℃（熱度6）。將麵團放入烤箱，立刻在滴油盤中倒入1杯水。快速將烤箱門關起，烤約32分鐘，烤至麵包呈現漂亮的顏色。
* 出爐後，在網架上為麵包脫模並放涼。

麵包脫模後，再放回烤箱烤4至5分鐘，完成烘乾並上色。

難度：簡單／花費：稍高／製作時間：3小時30分鐘／基礎溫度：58℃

這美味且撫慰人心的麵包，非常適合伴你度過聖誕節。

600克 的麵包 2個

水 335克

蜂蜜 160克

乾酵母 6克

麵粉 690克

鹽 10克

蜂蜜麵包
PAIN AU MIEL

* 將所有材料秤重並注意水溫。

* 在裝有揉麵勾的攪拌機中放入水、蜂蜜、酵母,以及麵粉和鹽。用速度1攪打至混料均勻。接著以中速揉麵,直到形成平滑的麵團,即約6分鐘左右。

* 揉麵結束後,將麵團整型成圓形。擺入攪拌盆中,蓋上保鮮膜,靜置1小時。

* 取出麵團,分成每個600克的麵團。將這些麵團用手滾圓,再將這些麵球揉成巴塔(Bâtard)麵包狀,擺在略為上油的長方形凍派(terrine)模或長方形蛋糕模中。再蓋上保鮮膜,在室溫下(22-24℃)靜置1小時30分鐘。

* 烤箱內裝滴油盤,將烤箱預熱至180℃(熱度6)。將麵團放入烤箱,立刻在滴油盤中倒入1杯水。快速將烤箱門關起,烤約32分鐘,烤至麵包呈現漂亮的顏色。

* 出爐後,在網架上脫模並放涼。

麵包脫模後,再放回烤箱烤4至5分鐘,完成烘乾並上色。

我的亞洲顧客非常難取悅,因為他們喜歡極軟的麵包,
但我不可能在麵包烤好前就從烤箱中取出!因此我不得不發明這道食譜。
蜂蜜在此提供了無與倫比的柔軟度,漂亮的顏色,而且微甜的味道讓人愉悅。
這是兩種文化間完美的妥協!

難度:簡單 / 花費:經濟 / 製作時間:3小時30分鐘 / 基礎溫度:58℃

650克 的麵包 2個

牛奶 280克

全蛋 120克

蜂蜜 400克

糖 80克

黑麥粉 200克
(farine de seigle)

麵粉 200克

肉桂粉 2克(1小匙)

洋茴香粉 2克(1小匙)(anis vert)

泡打粉 20克

香料麵包
PAIN D´ÉPICES

* 在平底深鍋中，以小火將蜂蜜和糖加熱至微溫。預留備用。
* 用平底深鍋或微波爐，將牛奶加熱至微滾。
* 在裝有球狀攪拌棒的攪拌機中，以低速混合全蛋和熱牛奶。加入微溫的蜂蜜和糖，不停攪拌。最後混入二種麵粉、香料粉和泡打粉。攪拌至混料充分均勻且具流動性。
* 將烤箱預熱至190℃（熱度6-7）。將備料倒入上油的方形蛋糕模中，烘烤約35分鐘。
* 出爐後，立刻在網架上脫模並放涼。

依使用的蜂蜜而定－綜合花蜜（miel toutes fleurs）、金合歡花蜜（acacia）、栗花蜜（châtaignier）、冷杉蜂蜜（sapin）…成品的香氣和味道會有些許的不同。請依個人口味製作！

難度：簡單 / 花費：稍高 / 製作時間：1小時30分鐘

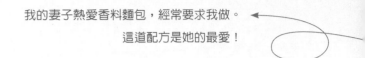

我的妻子熱愛香料麵包，經常要求我做。
這道配方是她的最愛！

122

聰明吃麵包

PAINS MALINS

失去鮮度的麵包與麵包丁

PAIN RASSIS
ET VIEUX CROÛTONS

麵包為何會老化？

早上才剛做好既美觀又柔軟的長棍麵包，怎麼會才過了幾小時就變得跟石頭一樣硬？「麵包由60%的水所構成」，費多雷克告訴我。「經過了一天，水分已經蒸發，麵包就會變得乾燥。」尤其當廚房裡的空氣乾燥時，乾得更快。得證！

如何保存？

要如何才能避免失去鮮度？或至少如何讓麵包不會老化得太快？「大木箱！木頭是一種具有生命力的材質，它會調整濕度。若房間裡的空氣乾燥，會先吸收木頭的水分後才吸收麵包的水分。相反地，它也會吸收房間裡的濕氣來保護麵包。」因此，鋁和塑膠都出局！沒什麼比得上我們祖母的麵包櫃，她們顯然洞悉一切。

最後一個必須考量的是：「麵包越大，含有的水分越多。讓大圓麵包內部乾燥所花的時間要比40克的小麵包多得多。」這是合理的。因此，不要期待你的小麵包能撐超過半天。

一旦老化，我該如何處理？

不管你採取哪種預防措施，未食用的麵包無可避免地會老化。禁止將麵包丟棄！以下為你提供讓失去鮮度的麵包更美味的概念：

- 麵包粉chapelure。硬麵包專用配方，再次強調，是「硬」麵包。請確保你的麵包非常硬，如有需要，可用烤箱以150℃烘乾10幾分鐘。接著再用食物料理機攪打。你的自製麵包粉可以用來包裹魚排、火雞肉片、小牛肉片和其他蔬菜餅；

- 麵包丁croûtons。被遺忘的吐司或長棍麵包？立刻會令人想到「麵包丁」！去掉麵包的硬皮，並將麵包內部切塊。接著在平底煎鍋中放入1塊核桃大小的奶油，將麵包丁煎至形成漂亮的金黃色。可用來妝點洋蔥湯、凱薩沙拉、西班牙番茄冷湯（gaspacho）等等；

- 法式吐司pain perdu，或者稱它為：失去鮮度麵包的至尊改造配方！將麵包切成厚片，接著浸泡在蛋液、糖、牛奶和香草籽構成的混合液中，浸泡後的麵包或皮力歐許會散發出香氣。只要再用加入奶油的平底煎鍋煎成金黃色，便可立即品嚐。孩子們非常熱愛這樣的吃法，勇於嘗試的人亦可改造成鹹味版本。

- 布丁pudding。想拯救隔夜的維也納麵包和皮力歐許是有可能的。將麵包弄碎，浸入熱的香草牛奶中，接著加入糖、蛋液、糖漬水果和蘭姆酒。將上述備料倒入模型中，放入烤箱以160℃烘烤45分鐘。你失去鮮度的可頌麵包（croissant）也可在此時髦重生！

法式鹹吐司
PAIN PERDU SALÉ

* 在攪拌盆中將適量的全蛋與液狀鮮奶油、1大撮肉豆蔻粉、鹽和胡椒混合。

* 將乳酪麵包切片浸入上述混合液中。

* 在熱的平底煎鍋中將奶油加熱至融化，並將浸泡好的麵包片煎成金黃色。煎2分鐘至上色後再翻面，將另一面也煎成金黃色。

* 立即享用。

你可使用其他種類的麵包來製作同一道配方：培根麵包（pain aux lardons）、油封番茄麵包（pain aux tomates confites）。在這種情況下，請毫不猶豫地為鹹派（quiche）般的混合液調味，例如為油封番茄麵包加入1撮的奧勒岡碎。

至尊美味版本 VERSION GRAND GOURMAND
若你使用這道基本的法式鹹吐司來製作開面三明治（tartine）呢？
在還溫熱且金黃色的麵包片上鋪100克的白火腿片，和250克以些許橄欖油翻炒的巴黎蘑菇片。

法式煙燻鮭魚吐司（Pain perdu au saumon fumé）
在攪拌盆中將適量的全蛋與液狀鮮奶油、1大撮肉豆蔻粉、鹽和胡椒混合。

法式櫻桃番茄吐司（Pain perdu aux tomates cerises）
選擇以切片的莫札瑞拉乳酪球，和切成4塊的小櫻桃番茄所組成的配料。再以切碎的新鮮羅勒裝飾。

法式培根吐司（Pain perdu aux lardons）
疊上水煮馬鈴薯片和烤過融化的乳酪（fromage à raclette）薄片。在烤箱的網架下烘烤後，再搭配淋上醋的小份沙拉一起品嚐。

難度：簡單 / 花費：經濟 / 製作時間： 30分鐘

4人份

剩下的隔夜乳酪麵包 1 條

液狀鮮奶油 400克

蛋 4顆

肉豆蔻粉

奶油 20克

鹽、胡椒

→ 將吃剩的調味鹹麵包變身為無與倫比的美食享用。馬上來試試看!

4人份
剩下的甜麵包 1條
（皮力歐許 brioche、維也納麵包 pain viennois 或吐司 pain de mie）
牛奶 500克
蛋 4顆
紅糖（cassonade） 20克
焦糖餅乾（spéculoos） 5塊
肉桂棒 1根
香草莢 1根
奶油 25克

法式焦糖吐司
PAIN PERDU SPÉCULOOS

* 將麵包切成厚片（約2公分厚）。

* 在平底深鍋中，將牛奶和剖半並刮去籽的香草莢、肉桂棒一起煮沸。浸泡。

* 當牛奶冷卻時，加入全蛋和紅糖，以及4塊弄碎的焦糖餅乾。

* 將麵包片浸入上述混合液中。

* 在熱的平底煎鍋中將奶油加熱至融化，並將浸泡過混合液的麵包片煎成金黃色。煎2分鐘至上色後再翻面，將另一面也煎成金黃色。

* 撒上1塊弄碎的焦糖餅乾碎片後立即享用。

一道不會浪費麵包，可依個人喜好調味，喚醒我們童年記憶的法式吐司。
保留給內行的美食家！

難度：簡單 / 花費：經濟 / 製作時間：30分鐘

我的麵包丁
MES CROÛTONS

* 將失去鮮度的麵包切成約0.5公分厚的薄片。擺在有深度的餐盤中，淋上大量的橄欖油。醃漬幾分鐘。
* 將烤箱預熱至200℃（熱度6-7）。
* 將醃漬麵包片擺在預先鋪上烤盤紙的烤盤上。
* 入烤箱烘烤5-6分鐘。

依用途而定，你可在你的醃漬醬料中添加香料：1瓣壓碎的大蒜、切碎的羅勒、奧勒岡…而且為了增加美味，請毫不猶豫地撒上愛蒙塔爾（emmental）或帕馬森（parmesan）乳酪絲後再入烤箱烘烤。

費多雷克麵包丁，用簡單但美味的配方取代多種菜色
AVEC LES CROÛTONS DE FRÉDÉRIC, PLACE À UNE MULTITUDE DE RECETTES SIMPLES MAIS DÉLICIEUSES

義式沙拉佐蒜香羅勒麵包丁

將1球布瑞達乳酪（burrata）切成4塊。將預先洗好的1大顆牛心番茄（tomate cœur-de-bœuf）同樣切成4塊。鋪上1大把的芝麻葉（roquette），用橄欖油、一些巴薩米克醋、鹽之花和胡椒調味。最後再撒上以大蒜和羅勒橄欖油醃漬過的金黃酥脆麵包丁。

洋蔥湯佐乳酪焗烤麵包丁

將3顆大洋蔥切成薄片，用奶油翻炒。在洋蔥變為半透明時，撒上1小匙的麵粉，接著再倒入家禽高湯（份量淹過洋蔥片），小火燜燉15分鐘。在碗中擺上以愛蒙塔爾乳酪（emmental）焗烤的費多雷克麵包丁。倒入洋蔥湯，再放上一些麵包丁、1撮愛蒙塔爾乳酪粉，用烤架烘烤後再品嚐。

水煮溏心蛋佐帕馬森乳酪麵包丁

在沸水中煮新鮮的蛋3分鐘。煮好後將蛋的頂端敲破去殼。撒上切碎的細香蔥（ciboulette），並簡單地搭配帕馬森乳酪（parmesan）麵包丁品嚐。

難度：簡單 / 花費：經濟 / 製作時間：30分鐘

在這質樸的名稱背後藏著珍貴的寶藏。

因為一旦做好以後，麵包丁就會發出鬆脆的聲音，

而且能夠讓日常的菜色再度充滿活力。

一道不可或缺的基礎配方！

我的麵包粉
MA CHAPELURE

* 用熄火的熱烤箱將隔夜麵包烘乾。

* 烤箱冷卻後，將麵包取出，讓麵包在烤箱外晾至隔天，使麵包完全乾燥。

* 隔天，用食物料理機將麵包打碎，碎度依用途而定。

費多雷克的麵包粉，可用來製作平日和節慶的菜餚
LA CHAPELURE DE FRÉDÉRIC, POUR RÉALISER DES RECETTES DE TOUS LES JOURS OU DES RECETTES DE FÊTE

自製雞塊（nugget de poulet）用麵包粉

將雞胸肉切成相同大小的塊狀。準備3個碗：1個裝滿麵粉、1個裝2顆打散的全蛋液，最後1個滿裝費多雷克麵包粉。為每塊雞肉裹上麵粉，接著浸泡蛋液，接著再裹滿麵包粉。在平底煎鍋中加熱大量的油，接著煎雞塊4-5分鐘至呈現金黃色。

西西里義大利麵用麵包粉

煮義大利麵，利用這段時間，在大型平底煎鍋中加熱橄欖油和2瓣壓碎的大蒜。翻炒至形成漂亮的顏色。加入1大把的菠菜嫩葉或莙薘菜葉（vert de blette），再炒幾分鐘。當麵煮熟時，放入平底煎鍋中，撒上準備好的麵包粉，攪拌均勻後再調整調味。

焗烤生蠔（huîtres gratinées）用麵包粉

在碗中混合費多雷克的麵包粉和1瓣壓碎的大蒜，以及半把切碎的平葉巴西利。將24顆生蠔殼打開，將裝有生蠔的半邊殼擺在焗烤盤中，撒上大量的備料（麵包粉、大蒜、平葉巴西利碎），淋上少量的橄欖油，擺在烤箱的網架下幾分鐘，烤至形成漂亮的顏色。

難度：簡單／花費：經濟／製作時間：30分鐘

這無疑是將失去鮮度的麵包回收再利用最簡單的食譜⋯也是最實用的！

我 的 傳 統 法 式 小 點 …
MES CANAPÉS TRADITION…

… AUX RILLETTES DE SARDINE 沙丁魚醬

✳ 攪打50克室溫回軟的奶油，加入1罐用叉子約略壓碎的油漬沙丁魚。將傳統長棍麵包切成0.5公分厚的麵包片。在每片麵包上鋪滿滿1大匙的沙丁魚醬，並在魚醬頂端擺上1顆漂亮的酸豆（câpre）。

… AU JAMBON CRU ET CORNICHON 生火腿酸黃瓜

✳ 將10幾條酸黃瓜切成薄片。將傳統長棍麵包切成0.5公分厚的麵包片。為每片麵包塗上優質的含鹽奶油。在麵包片上漂亮地擺上生火腿片，最後再擺上酸黃瓜片。

… AU SAUMON FUMÉ 煙燻鮭魚

✳ 用1/2根切絲的黃瓜、1瓣壓碎的大蒜和希臘優格混合後，製成希臘黃瓜優格醬（tzatziki）。將傳統長棍麵包切成0.5公分厚的麵包片。切下4片煙燻鮭魚。在每片麵包上抹1大匙的希臘黃瓜優格醬，將幾片煙燻鮭魚擺在上面，最後再放上少許的蒔蘿，淋上幾滴檸檬汁。

那發酵種麵包呢？

… CANAPÉS CONFIT DE CANARD, RADIS NOIR 法式油封鴨黑蘿蔔小點

✳ 將1塊肥肝冷凍。將1大塊的油封鴨腿肉鬆開。將黑皮蘿蔔刷洗乾淨，然後切成小條。將發酵種麵包片切成小塊。擺上油封鴨肉、黑皮蘿蔔絲。將已充分冷凍的肥肝取出，用削皮刀刨成碎末，鋪上肥肝碎末，最後再撒上鹽之花和胡椒粉。一道利用節慶大餐剩菜的出色食譜！

那拖鞋麵包呢？

… CANAPÉS À L'ŒUF DE CAILLE 法式鵪鶉蛋小點

✳ 在1鍋沸水中煮6顆鵪鶉蛋4分鐘，接著浸泡冷水冰鎮並剝殼。將原味或橄欖口味的拖鞋麵包切成約0.5公分厚的麵包片。為拖鞋麵包片鋪上150克的新鮮乳酪（fromage frais）。在每片麵包上放油封番茄片、半顆鵪鶉蛋和1顆黑橄欖。

難度：簡單 / 花費：稍高 / 製作時間： 1小時

作為開胃菜，隔夜麵包也能成為真正耀眼的明星。
只要一點想像力，再搭配優質的傳統長棍麵包！

我的火腿起司吐司
MES CROQUE-MONSIEUR

✳ 在平底深鍋中將奶油加熱至融化。一次加入所有的麵粉，並用鍋鏟攪拌。仔細攪拌至形成麵糊狀。開著火保持熱度，緩緩倒入牛奶，一邊不停地攪拌，煮至變稠。當白醬（béchaamel 又稱貝夏美醬）凝固時，以肉豆蔻粉、鹽和胡椒調味，混入200克的愛蒙塔爾乳酪並攪拌均勻。放涼。

✳ 將烤箱預熱至220℃（熱度7-8）。

✳ 將這乳酪白醬（sauce Mornay 又稱莫爾內醬）塗在4片發酵種麵包上，每片麵包放上白火腿，接著是剩餘的乳酪絲。在表面再塗上一些乳酪白醬，然後再蓋上表面預先塗上乳酪白醬和鋪上乳酪絲的另外4片發酵種麵包片。完成麵包片的夾餡。

✳ 將火腿起司吐司擺在預先鋪上烤盤紙的烤盤上，入烤箱烤20分鐘。

136

LES VARIANTES DE FRÉDÉRIC 費多雷克變化版

Le croque-chèvre 山羊乳酪火腿吐司

用2顆切成薄片的番茄，和1條同樣切成薄片的山羊乳酪來取代火腿和乳酪。為發酵種麵包片鋪上大量的乳酪白醬、番茄片和山羊乳酪片。淋上少量的蜂蜜。蓋上第2片同樣塗有乳酪白醬的麵包片。

Le croque-saumon 鮭魚吐司

用橄欖油炒菠菜和煮至正好呈現淡粉紅色的鮭魚鬆取代火腿和愛蒙塔爾乳酪。鋪上乳酪白醬，為何不試試用咖哩調味，並撒上切碎的香菜，再蓋上第2片麵包片後烘烤。

難度：簡單／花費：稍高／製作時間：1小時

4人份
發酵種麵包 8片
奶油 100克
麵粉 100克
牛奶 1公升
愛蒙塔爾乳酪絲 250克(emmental râpé)
白火腿 4片(jambon blanc)
肉豆蔻粉(muscade)
鹽、胡椒

製作火腿起司吐司的祕訣：用發酵種麵包片取代吐司。
成品的風味更為質樸，但表面的酥脆和麵包片內部的柔軟，形成真正對比的口感。

我的開面三明治…
MES TARTINES...

... TARTINE DE LA MER 海鮮開面三明治

✱ 切下每片約1公分厚的麵包片，擺在鋪有烤盤紙的烤盤上。每片麵包片淋上1匙的法式酸奶油（crème fraîche），在2片麵包片上放煙燻鮭魚（或煙燻鮪魚，甚至是綜合！），接著撒上大量的愛蒙塔爾乳酪絲（emmental râpé）。入烤箱以210℃（熱度7）烘烤，烤約15分鐘至形成金黃色。出爐後，再撒上少許的蒔蘿（aneth），立即品嚐。

.... TARTINE POULET-CURRY-AMANDE 杏仁咖哩雞開面三明治

✱ 在不放油的不沾平底煎鍋中烘煎10克的杏仁片，將60克的雞胸肉切塊，在平底煎鍋中煎幾分鐘，加入50克的法式酸奶油、1小匙的咖哩粉和烘煎好的杏仁片，接著以小火將湯汁收乾幾分鐘。將半根長棍麵包剖半，把備料鋪在麵包片上。將半顆莫札瑞拉乳酪球切塊，放在麵包片上，入烤箱以210℃（熱度7）烤約12分鐘。

.... TARTINE VEGGIE 素食開面三明治

✱ 切下每片厚約1公分的麵包片，擺在鋪有烤盤紙的烤盤上，在麵包片上刷大量的橄欖油。將半顆黃甜椒切成細條狀，在平底煎鍋中用橄欖油翻炒。在這段時間，用削皮刀將櫛瓜（courgette）削成薄條狀，淋上橄欖油醃漬。
在麵包片上勻稱地擺上炒軟的甜椒條、櫛瓜條、2塊番茄乾（tomate séché）和5片莫札瑞拉乳酪條，再撒上切碎的新鮮羅勒，如果沒有的話，亦可使用乾燥的羅勒。放入烤箱以210℃（熱度7）烤約15分鐘。

.... TARTINE DES SOUS-BOIS 森林開面三明治

✱ 在平底煎鍋中用一些橄欖油翻炒6顆切片的漂亮巴黎蘑菇。將半根長棍麵包剖半，在麵包片上鋪上1大匙的法式酸奶油。擺上50克條狀的白火腿（jambon blanc）。鋪上微溫的蘑菇片，撒上40克切塊的莫札瑞拉乳酪。入烤箱以210℃（熱度7）烤約15分鐘。

難度：簡單 / 花費：稍高 / 製作時間：30分鐘

長棍麵包、鄉村麵包，甚至是水果麵包還有剩？在此，你有一個很棒的基礎，
可在幾分鐘內做出極美味又營養完整的早餐。
最出色的菜餚往往也是最簡單的…

内容索引
TABLE DES MATIÈRES

140

143